こんちゅうクンとみんなの

昆《こん》虫《ちゅう》学校《がっこう》 NEO《ネオ》

静岡県 磐田市竜洋昆虫自然観察公園 監修

こんちゅうクン（北野伸雄）著

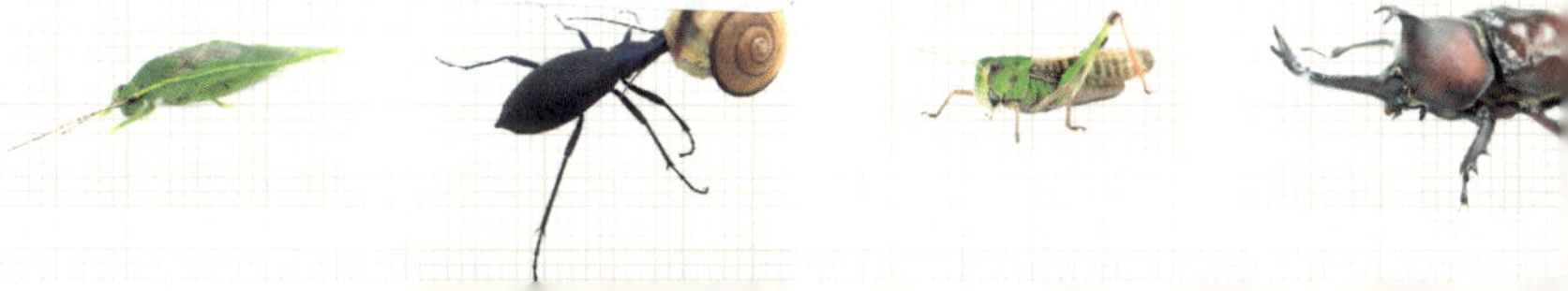

はじめに

静岡県《しずおかけん》の磐田市《いわたし》竜洋《りゅうよう》昆虫《こんちゅう》自然《しぜん》観察《かんさつ》公園《こうえん》で昆虫《こんちゅう》の魅力《みりょく》を伝《つた》える仕事《しごと》をしていて、気《き》がついたら〝こんちゅうクン〟と呼《よ》ばれるようになりました。元々《もともと》虫《むし》が好《す》きだったのですが、深《ふか》くのめり込《こ》んでいったきっかけは、小学校《しょうがっこう》の時《とき》の理科《りか》の先生《せんせい》との出会《であ》いでした。その先生《せんせい》が虫《むし》に詳《くわ》しかったので、何《なに》か捕《つか》まえては見《み》せに行《い》くのが学校生活《がっこうせいかつ》の日課《にっか》。いつしか先生《せんせい》に聞《き》いた虫《むし》の名前《なまえ》や特徴《とくちょう》をすべて記憶《きおく》するようになっていました。

この本《ほん》は「学校《がっこう》の授業《じゅぎょう》が全部《ぜんぶ》『昆虫《こんちゅう》』だったらいいのになぁ」という僕《ぼく》のかつての願望《がんぼう》にもとづき、学校《がっこう》の時間割《じかんわり》のように1時間目《じかんめ》から10時間目《じかんめ》まで（補習《ほしゅう》の時間《じかん》もあります）、色々《いろいろ》な虫《むし》を紹介《しょうかい》しています。休《やす》み時間《じかん》や給食《きゅうしょく》の時間《じかん》までも虫《むし》づくし。それぞれの虫《むし》が持《も》つ魅力《みりょく》や特徴《とくちょう》を楽《たの》しみながら知《し》ってもらえるよう、時《とき》に関係《かんけい》のない話《はなし》まで持《も》ち出《だ》し、どうにかしてニヤニヤしながら読《よ》んでもらおうと心《こころ》がけて書《か》きました。

登場《とうじょう》する虫《むし》のほとんどは、そのへんで見《み》られるであろう普通《ふつう》の虫《むし》ばかり。この本《ほん》を読《よ》んでちょこっとでも「へぇ〜」とか「おもしろい」と感《かん》じたら、ぜひ野外《やがい》で実物《じつぶつ》を探《さが》してみてください。きっと「意外《いがい》と虫《むし》いるなぁ」と気《き》づくはずです。そして、日常《にちじょう》の景色《けしき》がいつもと違《ちが》って見《み》えてくるはずです。

前著《ぜんちょ》『みんなの昆虫学校《こんちゅうがっこう》』が発売《はつばい》されてから7年《ねん》が経《た》ちました。当時《とうじ》の小学生《しょうがくせい》は卒業《そつぎょう》している計算《けいさん》です。そこで新《あら》たな子《こ》どもたちに向《む》けて、新《あら》たな『みんなの昆虫学校《こんちゅうがっこう》』を届《とど》けようということになりました。それがこの『みんなの昆虫学校《こんちゅうがっこう》NEO《ねお》』です。前著《ぜんちょ》から10種追加《しゅついか》して115種《しゅ》の虫《むし》たちを紹介《しょうかい》した、いわば改定版《かいていばん》です。

この本《ほん》が、虫好《むしず》きな子《こ》だけでなく、苦手《にがて》な子《こ》やおうちの方《かた》、学校《がっこう》の先生《せんせい》、最近見《さいきんみ》かけたあの虫《むし》が気《き》になっているあなたにとって、虫《むし》を知《し》り、虫《むし》を楽《たの》しむきっかけになれば最高《さいこう》に幸《しあわ》せです。僕《ぼく》にとっての、あの先生《せんせい》との出会《であ》いのように。

もくじ

【1時間目《じかんめ》】甲虫《こうちゅう》のお話《はなし》

【2時間目《じかんめ》】チョウのお話《はなし》

【3時間目《じかんめ》】ガのお話《はなし》

【4時間目《じかんめ》】トンボのお話《はなし》

【5時間目《じかんめ》】バッタ・キリギリス・コオロギのお話《はなし》

もくじ

【6時間目《じかんめ》】カマキリのお話《はなし》

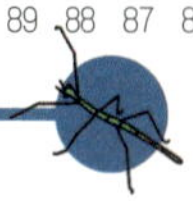

【7時間目《じかんめ》】ナナフシのお話《はなし》

【8時間目《じかんめ》】ハチのお話《はなし》

【9時間目《じかんめ》】カメムシのお話《はなし》

【10時間目《じかんめ》】その他《ほか》の昆虫《こんちゅう》のお話《はなし》

【補習《ほしゅう》の時間《じかん》】昆虫以外《こんちゅういがい》のお話《はなし》

朝学習《あさがくしゅう》の時間《じかん》

『はじめまして。僕《ぼく》がこんちゅうクンです！』

麦《むぎ》わら帽子《ぼうし》から出《で》ているツノは
オオクワガタの大《おお》アゴを模《も》したもの

オオクワガタがついた
『クワガタメガネ』が
トレードマーク

一番《いちばん》の相棒《あいぼう》は虫取《むしと》り網《あみ》

Tシャツには世界最大《せかいさいだい》
のカブトムシ、
ヘラクレスオオカブト
のイラスト

真冬《まふゆ》でも半《はん》そで半《はん》ズボン

サッカーが趣味《しゅみ》
背番号に「064《オムシ》」と
書《か》かれている

実《じつ》は“昆虫採集《こんちゅうさいしゅう》に向《む》いて
いない服装《ふくそう》”
本来《ほんらい》は長《なが》そで・長《なが》ズボン・
靴《くつ》が望《のぞ》ましい

どこに行《い》くにもビーチサンダル

ローゼンベルグオウゴンオニクワガタの
リュックは友人《ゆうじん》からのプレゼント

1時間目《じかんめ》

甲虫《こうちゅう》のお話《はなし》

昆虫《こんちゅう》ゼリーっておいしそうだよね

ヒトにつかまれば食《た》べられるよ

カブトムシ

おしっこするとき 片《かた》あしを上《あ》げる。

こんちゅうクンの豆知識《まめちしき》

大《おお》きさ：3～8cmぐらい（オスはツノ含《ふく》めて）　好《す》きな食《た》べ物《もの》：樹液《じゅえき》、昆虫《こんちゅう》ゼリー

見《み》られる時期《じき》：夏《なつ》　好《す》きなアーティスト：aiko、ビートルズ

見《み》られる場所《ばしょ》：クヌギ、コナラなどの樹液《じゅえき》、夜《よる》の外灯《がいとう》

：オムシジャパン（P64参照《さんしょう》）でも稀有《けう》なレフティとして存在感《そんざいかん》を発揮《はっき》。名波浩《ななみひろし》、中村俊輔《なかむらしゅんすけ》、久保建英《くぼたけふさ》…名《な》だたる天才《てんさい》レフティの系譜《けいふ》にカブトムシが加《くわ》わることになる。

夏《なつ》の代名詞《だいめいし》、そしてみんなの憧《あこが》れ、カブトムシ。クヌギやコナラの樹液《じゅえき》に集《あつ》まり、さらにそこへ多《おお》くの虫《むし》好《ず》きも集《あつ》まってきます。6月頃《がつごろ》から成虫《せいちゅう》が姿《すがた》を現《あらわ》し始《はじ》め、9月《がつ》には全員《ぜんいん》お亡《な》くなりに…。頑張《がんば》って飼《か》えば秋深《あきふか》くまで生《い》きることもありますが、冬《ふゆ》を越《こ》すことはありません。

実《じつ》はカブトムシにはおしっこをする時《とき》に片《かた》あしを上《あ》げるくせがあります（まるで犬《いぬ》のよう!）。あしを汚《よご》さないように注意《ちゅうい》するきれい好《ず》きなのか、なるべく遠《とお》くへ飛《と》ばしたい

カブトムシ

ショート動画《どうが》
「飛《と》び立《た》つ」・
「お食事《しょくじ》シーン」は
こちらから！

という向上心《こうじょうしん》の表《あらわ》れなのか、オスもメスも後《うし》ろあしの片方《かたほう》を上《あ》げておしっこを飛《と》ばします。『片足《かたあし》をあげるカブトムシの排尿姿勢《はいにょうしせい》』（大谷《おおたに》・栗林《くりばやし》1985）という論文《ろんぶん》によると、左《ひだり》あしを上《あ》げる個体《こたい》の方《ほう》が多《おお》かったそう。さらに、あしを上《あ》げる高《たか》さも左《ひだり》あしの方《ほう》が右《みぎ》あしより高《たか》く、〝おしっこ飛距離《ひきょり》〟も左《ひだり》の方《ほう》が遠《とお》くまで飛《と》んだ！とのこと。観察《かんさつ》された個体数《こたいすう》が少《すく》ないので断言《だんげん》はできませんが、カブトムシはもしかしたら左利《ひだりき》きが多《おお》いのかもしれません。

コクワガタ

“クワガタ入門編《にゅうもんへん》”

こんちゅうクンの豆知識《まめちしき》

大《おお》きさ：2～5cm ぐらい

見《み》られる時期《じき》：夏《なつ》、初夏《しょか》や秋《あき》にも見《み》つかる

見《み》られる場所《ばしょ》：クヌギ、コナラなどの樹液《じゅえき》

好《す》きな食《た》べ物《もの》：樹液《じゅえき》、昆虫《こんちゅう》ゼリー

コクワガタの虫言葉《むしことば》：『初心忘《しょしんわす》るべからず』

：飼育《しいく》していると冬《ふゆ》を越《こ》すこともあり、初《はじ》めてクワガタを飼《か》うにはもってこい。

名《な》前《まえ》のわりに大《おお》きいと5㎝ほどになり十分《じゅうぶん》立派《りっぱ》。山《やま》や林《はやし》だけでなく、公園《こうえん》や学校《がっこう》、夜《よる》のコンビニでも会《あ》える、最《もっと》も身近《みぢか》なクワガタです。他《ほか》のクワガタとの激《はげ》しい樹液争《じゅえきあらそ》いが勃発《ぼっぱつ》する真夏《まなつ》より、ライバルの少《すく》ない初夏《しょか》か秋《あき》の方《ほう》が見《み》つけやすいかもしれません。

ただその普通《ふつう》さゆえに、「なんだ、コックーか…」とがっかりされることも多《おお》いよう。でもそんな時《とき》は、どうか生《う》まれて初《はじ》めて捕《つか》まえたクワガタのことを思《おも》い出《だ》してください。きっとみんな、コックーにはしゃぎ、感動《かんどう》していたはずですから。

スジクワガタ

こんちゅうクンの豆知識《まめちしき》

大《おお》きさ：2～4cm ぐらい
好《す》きな食《た》べ物《もの》：樹液《じゅえき》、昆虫《こんちゅう》ゼリー
見《み》られる時期《じき》：初夏《しょか》～夏《なつ》
見《み》られる場所《ばしょ》：樹液《じゅえき》、木《き》の穴《あな》
：コクワガタよりも山《やま》の方《ほう》にいることが多《おお》い。

「僕《ぼく》もいるよ!」

コクワガタにそっくりだけど、コクワガタよりも知名《ちめい》度《ど》も遭遇頻度《そうぐうひんど》も低《ひく》い。名前《なまえ》の通《とお》りスジが入《はい》るのは小《ちい》さな個体《こたい》だけで、大《おお》きな個体《こたい》では大《おお》アゴの形《かたち》（内側《うちがわ》の「内歯《ないし》」と呼《よ》ばれる突起《とっき》の部分《ぶぶん》）がちがいます。

よく見《み》ないとコクワガタとまちがえてしまうし、そもそもスジクワガタというクワガタがいるということを知《し》らないと、ほぼ確実《かくじつ》にコクワガタだと思《おも》われます。あなたが出会《であ》ったコクワガタの中《なか》に、スジクワガタがいたかもしれません。まずは存在《そんざい》を知《し》ること。それがスジクワガタとの出会《であ》いのはじまり。

ヒラタクワガタ

「平《ひら》たい穴《あな》があったら入《はい》りたい」。

ヒラタ
クワガタ

ショート動画《どうが》
「闘《たたか》う」は
こちらから！

こんちゅうクンの豆知識《まめちしき》

大《おお》きさ：2～8cm ぐらい
見《み》られる時期《じき》：初夏《しょか》～夏《なつ》
見《み》られる場所《ばしょ》：クヌギ、コナラなどの樹液《じゅえき》、木《き》の穴《あな》の中《なか》
好《す》きな食《た》べ物《もの》：樹液《じゅえき》、昆虫《こんちゅう》ゼリー
：家《いえ》で脱走《だっそう》してしまったら、タンスの裏《うら》や靴《くつ》の中《なか》などを探《さが》そう。

体《からだ》が平《ひら》たくコクワガタに似《に》ていますが、大《おお》アゴの形《かたち》やツヤ感《かん》が違《ちが》い、大《おお》きいものは8㎝近《ちか》くになります。木《き》の穴《あな》に隠《かく》れていることが多《おお》く、夜《よる》に穴《あな》から出《で》てきたところを狙《ねら》うのが一番《いちばん》。懐中電灯《かいちゅうでんとう》と、かき出《だ》し棒《ぼう》（針金《はりがね》を曲《ま》げたもの）を使《つか》って穴《あな》から引《ひ》っぱり出《だ》すこともできますが、無理《むり》にひっかくと傷《きず》をつけてしまいます。

また、絶対《ぜったい》に穴《あな》を壊《こわ》さないこと。もうそこにクワガタが住《す》めなくなってしまいます。穴《あな》の奥《おく》に隠《かく》れてしまったら、「今日《きょう》は出直《でなお》すが、また来《く》るからな」と伝《つた》えて、潔《いさぎよ》く再戦《さいせん》を誓《ちか》いましょう。

男気《おとこぎ》あふれるクワガタ界《かい》の漢《おとこ》。

ノコギリクワガタ

こんちゅうクンの豆知識《まめちしき》

大《おお》きさ：3〜7.5cmぐらい

見《み》られる時期《じき》：夏《なつ》

見《み》られる場所《ばしょ》：クヌギ、コナラなどの樹液《じゅえき》

好《す》きな食《た》べ物《もの》：樹液《じゅえき》、昆虫《こんちゅう》ゼリー

好《す》きな映画《えいが》：『SAW《そう》』

気《き》になるノコギリ：ノコギリカメムシ、ノコギリカミキリ、ニセノコギリカミキリ、ノコギリエイ、ノコギリザメ、ノコギリダイ、ノコギリガザミ

：大《おお》きな個体《こたい》は大《おお》アゴが曲《ま》がりますが、名前《なまえ》の「ノコギリ」は小《ちい》さな個体《こたい》のまっすぐな大《おお》アゴのギザギザが、ノコギリの刃《は》に似《に》ていることからきています。

ノコギリ
クワガタ

ショート動画《どうが》「威嚇《いかく》」はこちらから！

体《からだ》の大《おお》きなものは大《おお》アゴが曲《ま》がり、色《いろ》は赤《あか》みがかった茶色《ちゃいろ》で、黒《くろ》っぽい他《ほか》のクワガタたちとの差別化《さべつか》に成功《せいこう》しています。メスもちょっと赤《あか》いです。

そんなノコギリクワガタには、男気《おとこぎ》あふれる習性《しゅうせい》がひとつ。その名《な》も「メイトガード」。オスが覆《おお》いかぶさるようにしてメスを守《まも》ります。交尾《こうび》した後《あと》も他《ほか》のオスからメスを守《まも》るのです。オンブバッタのようにただ乗《の》っかってるだけじゃ（P77参照《さんしょう》）かっこつかないですからね。でも、ビビると死《し》んだフリをしちゃうのはご愛嬌《あいきょう》。

ミヤマクワガタ

虫《むし》にも花《はな》にも「深山鍬形《みやまくわがた》」。

こんちゅうクンの豆知識《まめちしき》

大《おお》きさ：3～8cm ぐらい
見《み》られる時期《じき》：夏《なつ》
見《み》られる場所《ばしょ》：クヌギ、コナラ、ミズナラなどの樹液《じゅえき》
好《す》きな食《た》べ物《もの》：樹液《じゅえき》、昆虫《こんちゅう》ゼリー
💡：ノコギリクワガタよりも山深《やまぶか》いところにいるミヤマクワガタ。幼虫《ようちゅう》も涼《すず》しい場所《ばしょ》じゃないと育《そだ》ちません。

ミヤマとは「深山《みやま》」と書《か》き、高《たか》い山《やま》に生息《せいそく》します。小学校《しょうがっこう》の時《とき》、林間学校《りんかんがっこう》で初《はじ》めて見《み》て、とても感動《かんどう》しました。平野《へいや》部《ぶ》であまり見《み》られないこともそうですが、うっすらと金色《きんいろ》の毛《け》が生《は》えていたり、頭《あたま》にボコッとした部分《ぶぶん》（耳状突起《じじょうとっき》）があったり、会《あ》えるとうれしいクワガタです。

実《じつ》は「ミヤマクワガタ」という同《おな》じ名前《なまえ》の高山植物《こうざんしょくぶつ》があります。紫色《むらさきいろ》の花《はな》が咲《さ》きますし、樹液《じゅえき》に集《あつ》まることもないので、まず間違《まちが》えることはないと思《おも》いますが…念《ねん》のためご注意《ちゅうい》を。花言葉《はなことば》は「純潔《じゅんけつ》、多彩《たさい》な人《ひと》」です。

チビクワガタ

もっとチビもいるけどね！

こんちゅうクンの豆知識《まめちしき》

大《おお》きさ：1〜1.5cmぐらい
見《み》られる時期《じき》：初夏《しょか》〜秋《あき》
見《み》られる場所《ばしょ》：朽《く》ち木《き》
好《す》きな食《た》べ物《もの》：他《ほか》の昆虫《こんちゅう》の幼虫《ようちゅう》、樹液《じゅえき》
：他《ほか》の多《おお》くのクワガタと違《ちが》い、オスとメスがそっくりで、見分《みわ》けるのは困難《こんなん》。

朽《く》ち木《き》の中《なか》に暮《く》らす小《ちい》さなクワガタ。成虫《せいちゅう》が幼虫《ようちゅう》の世話《せわ》をしたり、他《ほか》の昆虫《こんちゅう》の幼虫《ようちゅう》を食《た》べる肉食《にくしょく》だったりと、見《み》た目《め》も暮《く》らしぶりもクワガタっぽくないクワガタです。

「チビ」と言《い》われるくらいなので、コクワガタよりもチビなのですが、もうひと回《まわ》りチビのマメクワガタというのもいます。さらに、体長約《たいちょうやく》5㎜の日本《にほん》で一番《いちばん》チビなマダラクワガタまでいます。だけど「チビ」の称号《しょうごう》はこの子《こ》の元《もと》へ。「オレよりもっとチビもいるのに…」という声《こえ》が聞《き》こえてきそうです。

コアオハナムグリ

こんちゅうクン の豆知識《まめちしき》

大《おお》きさ：1cm ちょっと
見《み》られる時期《じき》：春《はる》〜秋《あき》
見《み》られる場所《ばしょ》：ハルジオン、アザミ、コスモスなど色々《いろいろ》な花《はな》
好《す》きな食《た》べ物《もの》：花粉《かふん》
：花《はな》の子房《しぼう》をツメでひっかいちゃうので果実《かじつ》を傷《きず》つける害虫《がいちゅう》でもある。

カナブンじゃない。〜その１〜

春《はる》以降《いこう》、色々《いろいろ》な花《はな》に集《あつ》まる小《ちい》さくて緑色《みどりいろ》をしたハナムグリ。**花《はな》に潜《もぐ》る**（「むぐり」のこと）ので「ハナムグリ」と言《い》います。花《はな》の周《まわ》りをハチのようにブンブン飛《と》び回《まわ》ります。

よく「カナブン」と呼《よ》ばれがちですが、正確《せいかく》には**カナブンじゃありません**。金属光沢《きんぞくこうたく》のある甲虫《こうちゅう》がざっくりカナブンと呼《よ》ばれることもありますが、そう呼《よ》ぶのは樹液《じゅえき》に集《あつ》まるシロテンハナムグリならまだしも、**名前《なまえ》の通《とお》り花《はな》に集《あつ》まる**コアオハナムグリは、ちゃんと区別《くべつ》して呼《よ》んであげよう。

こんちゅうクンの豆知識《まめちしき》

大《おお》きさ：2〜2.5cm ぐらい
見《み》られる時期《じき》：初夏《しょか》〜秋《あき》
見《み》られる場所《ばしょ》：色々《いろいろ》な木《き》の葉《は》っぱ、夜《よる》の街灯《がいとう》
好《す》きな食《た》べ物《もの》：木《き》の葉《は》っぱ、昆虫《こんちゅう》ゼリー

：アオドウガネの仲間《なかま》にドウガネブイブイという、もう少《すこ》し銅色《どういろ》の種《しゅ》がいます。チチンプイプイみたいでかわいい名前《なまえ》。こんな素晴《すば》らしい名前《なまえ》を一括《ひとくく》りにカナブンって呼《よ》ぶのはもったいない！と個人的《こじんてき》には思《おも》います。

アオドウガネ

カナブンじゃない。〜その2〜

木《き》の葉《は》っぱを食《た》べ、外灯《がいとう》にも飛《と》んで来《く》る緑色《みどりいろ》のコガネムシ。この虫《むし》を見《み》つけるとほとんどの場合《ばあい》「あ、カナブン！」と言《い》われますが、正確《せいかく》にはカナブンじゃありません。コガネムシです。カナブンやハナムグリは飛《と》ぶ時《とき》に閉《と》じた上《うえ》のはねの下《した》から、うすいはね2枚《まい》だけを出《だ》すのに対《たい》し、コガネムシは4枚《まい》のはねを全部広《ぜんぶひろ》げて飛《と》びます。

また、コガネムシの幼虫《ようちゅう》はおなかを下《した》にして歩《ある》きますが、カナブンとハナムグリの幼虫《ようちゅう》は背中《せなか》を下《した》にし、あしを使《つか》わずに歩《ある》きます。「あ、カナブン！」と思《おも》っても、カナブンじゃないかも。

カナブン

「私《わたし》が真《しん》のカナブンです」。

こんちゅうクンの豆知識《まめちしき》

大《おお》きさ：2.5～3cmぐらい
見《み》られる時期《じき》：夏《なつ》
見《み》られる場所《ばしょ》：クヌギ、コナラなどの樹液《じゅえき》
好《す》きな食《た》べ物《もの》：樹液《じゅえき》、昆虫《こんちゅう》ゼリー
好《す》きな歌《うた》：「カナブン」（ゆず）
※せつない歌詞《かし》の名曲《めいきょく》のタイトルがなぜ『カナブン』なのか昔《むかし》から疑問《ぎもん》でしたが京急電鉄《けいきゅうでんてつ》の「金沢文庫駅《かなさわぶんこえき》」（神奈川県横浜市《かながわけんよこはまし》）の略《りゃく》でした。サビの終《お》わりの「今《いま》こうして　空《そら》を見上《みあ》げるのは　泣《な》いてるわけじゃなくて」を聞《き》いて、「空《そら》を飛《と》んでるカナブンを探《さが》してるんだな！」とトンチンカンに理解《りかい》していたのは、若《わか》かりし日《ひ》のこんちゅうクンだけではないと信《しん》じています。

💡：頭《あたま》が四角《しかく》いのがカナブンと覚《おぼ》えて観察《かんさつ》してみましょう。

樹《じゅ》液《えき》に集《あつ》まるキラキラした甲虫《こうちゅう》。銅色《どういろ》、緑色《みどりいろ》、紺色《こんいろ》と多彩《たさい》な色《いろ》があり、近《ちか》い仲間《なかま》にアオカナブン、クロカナブンという別種《べっしゅ》もいます。昼間《ひるま》に活動《かつどう》するので、山道《やまみち》でカナブンが飛《と》んで来《き》たら**樹液《じゅえき》が近《ちか》くにある手《て》がかり**に。意外《いがい》と簡単《かんたん》にブーンと飛《と》んで行《い》っちゃうので、捕《つか》まえる時《とき》は油断《ゆだん》せずにさっと捕《つか》まえてください。

色々《いろいろ》なコガネムシがざっくりと「カナブン」と呼《よ》ばれるのに、本物《ほんもの》は「カナブン?」と**自信《じしん》なさげに言《い》われることが多《おお》い**気《き》がします。我《われ》こそが真《しん》のカナブンなのに…。

「うんちを食《た》べて、暮《く》らしています」。

こんちゅうクンの豆知識《まめちしき》

大《おお》きさ：2cmぐらい
見《み》られる時期《じき》：初夏《しょか》〜秋《あき》
見《み》られる場所《ばしょ》：動物《どうぶつ》のうんち、林《はやし》の中《なか》
：フンコロガシのように、うんちは転《ころ》がさないよ。

センチコガネ

動《どう》物《ぶつ》のうんちの下《した》に卵《たまご》を産《う》んで幼虫《ようちゅう》のエサにする「糞虫《ふんちゅう》」の仲間《なかま》。もちろん成虫《せいちゅう》もうんちを食《た》べます。なので、探《さが》す時《とき》はまず動物《どうぶつ》のうんちを探《さが》しましょう。うんちにまみれて、キラキラと光沢《こうたく》のあるセンチコガネが見《み》つかります。思《おも》わず手《て》でつかむとちょっぴりセンチな気《き》持《も》ちになるのでご注意《ちゅうい》ください。

ちなみにセンチコガネの「センチ」とは、センチメンタル（感《かん》傷的《しょうてき》）ではなく「雪隠《せっちん》」（昔《むかし》のトイレのこと）に由来《ゆらい》します。今《いま》なら「トイレコガネ」…。センチコガネの方《ほう》がいいですね。

オジロアシナガ
ゾウムシ

ショート動画《どうが》
「歩《ある》く」は
こちらから！

オジロアシナガゾウムシ

パンダ？ ゾウ？ それとも、フン？

こんちゅうクンの豆知識《まめちしき》

大《おお》きさ：1cm ぐらい
見《み》られる時期《じき》：春《はる》〜秋《あき》
見《み》られる場所《ばしょ》：クズの葉《は》や茎《くき》
：他《ほか》のゾウムシと同《おな》じく死《し》んだフリが得意《とくい》。

河《か》川敷《せんしき》や空《あ》き地《ち》にぶわーっと生《は》えているクズという植物《しょくぶつ》にいることが多《おお》く、クズの茎《くき》から汁《しる》を吸《す》い、卵《たまご》も茎《くき》に産《う》みつけます。

名前《なまえ》は〝尾《お》が白《しろ》くてあしの長《なが》いゾウみたいな虫《むし》〟という意味《いみ》で、別名《べつめい》はパンダゾウムシ。虫《むし》ながらゾウとパンダという動物園《どうぶつえん》の2大《だい》スターにちなんだ名前《なまえ》を持《も》っています。ただし大《おお》きさははるかに小《ちい》さく、約《やく》1㎝。オジロアシナガゾウムシ約《やく》80匹《ぴき》でパンダ1頭《とう》、約《やく》600匹《ぴき》でゾウ1頭《とう》の長《なが》さに達《たっ》します。ちなみに大《おお》きさ的《てき》にも色的《いろてき》にも、パンダやゾウではなく鳥《とり》のフンに一番《いちばん》そっくりです。

オオゾウムシ

迫真《はくしん》の演技《えんぎ》。死《し》んだフリが超本気《ちょうほんき》。

こんちゅうクンの豆知識《まめちしき》

大《おお》きさ：２～3cmぐらい
見《み》られる時期《じき》：初夏《しょか》～夏《なつ》
見《み》られる場所《ばしょ》：樹液《じゅえき》や夜《よる》の街灯《がいとう》
好《す》きな食《た》べ物《もの》：樹液《じゅえき》、昆虫《こんちゅう》ゼリー
：長生《ながい》きな子《こ》は、体《からだ》の表面《ひょうめん》の粉《こな》が落《お》ちて黒《くろ》っぽい。

日《に》本最大級《ほんさいだいきゅう》のゾウムシ。ゾウの鼻《はな》のように伸《の》びた口《くち》が特徴《とくちょう》です。〃死《し》んだフリ〃（擬死《ぎし》）も得意《とくい》。近《ちか》づいたり、つまんだりすると枝《えだ》からポロッと落《お》ちて、拾《ひろ》い上《あ》げても渾身《こんしん》の死《し》んだフリを続《つづ》けます。クワガタやコメツキムシなども死《し》んだフリはするのですが、彼《かれ》らはあしをぴったりと体《からだ》にくっつけるので、うそっぽくてすぐにバレます。ゾウムシはもっとリアル。適度《てきど》にあしを曲《ま》げ、触《さわ》っても頑《かたく》なに抗《あらが》うのではなく、ほどよい関節《かんせつ》のやわらかさを演出《えんしゅつ》してきます。「あ、死《し》んじゃったか」と思《おも》ってがっかりしても、しばらくするとまた動《うご》き始《はじ》め、生《い》きてた！と驚《おどろ》かされます。生死《せいし》の狭間《はざま》を行《い》ったり来《き》たり、三途《さんず》の川《かわ》のような虫《むし》です。

コフキゾウムシ

こんちゅうクンの豆知識《まめちしき》

大《おお》きさ：5mmぐらい
見《み》られる時期《じき》：春《はる》〜夏《なつ》
見《み》られる場所《ばしょ》：クズ、ハギ
好《す》きな食《た》べ物《もの》：クズ、ハギ
：オジロアシナガゾウムシよりもたくさん見《み》つかります。

小《ちい》さいけれど、肝《きも》っ玉母《たまかあ》ちゃん感満載《かんまんさい》。

体《からだ》 にうす緑色《みどりいろ》の粉《こな》がついているようなので「粉吹《こふ》き」と名《な》づけられました。クズやハギの葉《は》に、中央部分《ちゅうおうぶぶん》までは行《い》かないつくりかけの迷路《めいろ》みたいなものがあれば、それが彼《かれ》らの食《た》べ痕《あと》です。

体長《たいちょう》は約《やく》５㎜と小《ちい》さいですが、よく見《み》るとちゃんとゾウムシっぽく口《くち》が長《なが》いです（ただしゾウと言《い》うより強《し》いて言《い》えばバクくらい）。おんぶ（交尾《こうび》）している姿《すがた》もよく見《み》られ、小《ちい》さなメスがさらに小《ちい》さなオスを背負《せお》いながら葉《は》っぱを食《た》べたりしています。小《ちい》さくても肝《きも》っ玉母《たまかあ》ちゃんなのが、ガンガン伝《つた》わってきます。

ゴマダラカミキリ

怪獣《かいじゅう》のモデルになった人気《にんき》の害虫《がいちゅう》。

こんちゅうクンの豆知識《まめちしき》

大《おお》きさ：3cmぐらい
見《み》られる時期《じき》：初夏《しょか》〜夏《なつ》
見《み》られる場所《ばしょ》：林《はやし》や公園《こうえん》、街路樹《がいろじゅ》
：【ゼットンのプロフィール】
大《おお》きさ：60m　重《おも》さ：30000t
必殺技《ひっさつわざ》：1000000000000度《ど》の火球《かきゅう》

ミカン、クワ、ヤナギなど色々《いろいろ》な木《き》に卵《たまご》を産《う》みつけ、幼虫《ようちゅう》は木《き》の内部《ないぶ》を食《た》べて育《そだ》ちます。最《もっと》も身近《みぢか》なカミキリムシであり、果物《くだもの》や庭木《にわき》、街路樹《がいろじゅ》のやっかいな害虫《がいちゅう》でもありますが、子《こ》どもたちにとってはそんなの関係《かんけい》なく、大人気《だいにんき》。初夏《しょか》の頃《ころ》、彼《かれ》らが持《も》つ虫《むし》カゴの中《なか》でもよく見《み》かけます。

はねは黒《くろ》におしゃれな白《しろ》いドット柄《がら》。ゼットンの背中《せなか》の模様《もよう》はゴマダラカミキリがモデルらしいです。…と言《い》ってみたところで、今《いま》の子《こ》どもたちは知《し》らないよね、ゼットン。ゼットンはウルトラマンを倒《たお》した最強《さいきょう》の怪獣《かいじゅう》です。

ホシベニカミキリ

実《じつ》はそのへんにいる、ドハデな赤《あか》。

こんちゅうクンの豆知識《まめちしき》

大《おお》きさ：2～2.5cmぐらい
見《み》られる時期《じき》：初夏《しょか》～夏《なつ》
見《み》られる場所《ばしょ》：神社《じんじゃ》や校庭《こうてい》などタブノキのある場所《ばしょ》
好《す》きな食《た》べ物《もの》：タブノキ、クスノキ、ヤブニッケイ
：僕《ぼく》も子《こ》どもの頃《ころ》は小学校《しょうがっこう》の校庭《こうてい》のタブノキで、よくアオスジアゲハの幼虫《ようちゅう》とホシベニカミキリを探《さが》していました。

ゴマダラカミキリより一回《ひとまわ》り小《ちい》さく、真《ま》っ赤《か》な体《からだ》に黒《くろ》いドット柄《がら》。タブノキをかじって産卵《さんらん》します。毒々《どくどく》しいほどに真《ま》っ赤《か》なので、たまに「珍《めずら》しい虫《むし》を見《み》つけた」と連絡《れんらく》をくれる方《かた》がいるのですが、静岡県《しずおかけん》では珍《めずら》しくなく、特《とく》に海岸部《かいがんぶ》では普通《ふつう》。連絡《れんらく》をくださった方《かた》に「珍《めずら》しくはありません」と伝《つた》える時《とき》に、なんだか申《もう》し訳《わけ》ない気持《きも》ちになるのが常《つね》です。

だけどめげずに、ホシベニカミキリを近《ちか》くのタブノキで探《さが》してみてください。「珍《めずら》しい」よりも大切《たいせつ》なものが見《み》つかるはず。

シロスジカミキリ

幼虫《ようちゅう》がうまい、らしい。

\ シロスジカミキリ /
ショート動画《どうが》「鳴《な》く」は
こちらから！

こんちゅうクンの豆知識《まめちしき》

大《おお》きさ：4～5.5cmぐらい
見《み》られる時期《じき》：初夏《しょか》～夏《なつ》　見《み》られる場所《ばしょ》：雑木林《ぞうきばやし》
好《す》きな食《た》べ物《もの》：クヌギ、コナラ、クリなど
※幼虫《ようちゅう》も同《おな》じくクヌギ、コナラ、クリなどの内部《ないぶ》を食《た》べ進《すす》み、羽化《うか》して木《き》から出《で》てくる際《さい》の脱出口《だっしゅつぐち》からは、樹液《じゅえき》が出《で》てきます。
：生《い》きているときはねのスジは黄色《きいろ》いのですが、標本《ひょうほん》から命名《めいめい》されたため「白《しろ》スジ」となったようです。

体《たい》長《ちょう》5㎝とかなり大《おお》きく、はねに黄色《きいろ》いスジがあり、死《し》ぬとスジが白《しろ》くなります。夜間採集《やかんさいしゅう》の時《とき》にクヌギやコナラを懐中電灯《かいちゅうでんとう》で照《て》らしていて、このカミキリがベタッと木《き》にくっついていると、かなりビビります。でかい！

ちなみに、昆虫食《こんちゅうしょく》で一番《いちばん》おいしいと言《い》われるのがカミキリムシの幼虫《ようちゅう》。特《とく》に生木《なまき》を食《た》べるシロスジカミキリは格別《かくべつ》とのこと。昔《むかし》は薪割《まきわり》の時《とき》に獲《と》れて七輪《しちりん》で炙《あぶ》って食《た》べたと聞《き》きますが、今《いま》は幼虫《ようちゅう》を手《て》に入《い》れるのが難《むずか》しいそうです。誰《だれ》かゲットしたらください！　薪《まき》ストーブやってる方《かた》とか！

宝石箱《ほうせきばこ》や！

「玉《たま》」とは宝石《ほうせき》のこと。まさにその名《な》の通《とお》り、宝石《ほうせき》のように美《うつく》しい虫《むし》です。よく晴《は》れた暑《あつ》い日《ひ》に、エノキの木《き》の高《たか》い所《ところ》に飛《と》んで来《き》ます。たまに地上《ちじょう》に降《お》り立《た》ったタマムシが見《み》つかることもありますので、まずはエノキやケヤキに注目《ちゅうもく》していれば出会《であ》えるチャンスは増《ふ》えるはず。

タマムシの美《うつく》しい色《いろ》は死《し》んでも消《き》えず、国宝《こくほう》「玉虫厨子《たまむしのずし》」（奈良県《ならけん》の法隆寺《ほうりゅうじ》が所蔵《しょぞう》する飛鳥時代《あすかじだい》の仏教工芸品《ぶっきょうこうげいひん》）の装飾《そうしょく》にも、タマムシのはねが使《つか》われました。タマムシは「吉兆虫《きっちょうむし》」とも言《い》われ、縁起《えんぎ》の良《よ》い虫《むし》とされます。

タマムシ(ヤマトタマムシ)

まるで虫《むし》の

「タンスに入《い》れると着物《きもの》が増《ふ》える」という言《い》い伝《つた》えがあるので、今度《こんど》試《ため》してみようと思《おも》っていますが、残念《ざんねん》ながら我《わ》が家《や》にはタンスも着物《きもの》もありません。まずはタマムシの前《まえ》にタンスと着物《きもの》を買《か》う所《ところ》から始《はじ》めなければいけませんが、お金《かね》がどんどん減《へ》っていく見積《みつ》もりになりそう。でもきっと、タマにはいいことあるよね！

こんちゅうクンの豆知識《まめちしき》

大《おお》きさ：3～4cmぐらい
見《み》られる時期《じき》：夏《なつ》
見《み》られる場所《ばしょ》：エノキ、ケヤキ、サクラ
：タマムシは派手《はで》で人気《にんき》もありますが、ウバタマムシという種《しゅ》はかなり地味《じみ》。光沢《こうたく》はありますが、はねがシワシワでくすんだ銅色《どういろ》をしています。名前《なまえ》に「姥《うば》＝おばあちゃん」とつくくらいなので、年老《としお》いたタマムシのような見《み》た目《め》です。

ゲンゴロウ

源五郎《げんごろう》よ、おぬし おっちょこちょいだな。

こんちゅうクンの豆知識《まめちしき》

大《おお》きさ：4cmいかないぐらい

見《み》られる時期《じき》：一年中《いちねんじゅう》

見《み》られる場所《ばしょ》：ゲンゴロウ(ナミゲンゴロウ)は大変珍《たいへんめずら》しいのですが、ハイイロゲンゴロウ、ヒメゲンゴロウなどの小《ちい》さなゲンゴロウは身近《みぢか》な池《いけ》でも見《み》つけられます。

：オスの前《まえ》あしには、水中《すいちゅう》でメスをつかむための吸盤《きゅうばん》がついています。

＼ゲンゴロウ／
ショート動画《どうが》「泳《およ》ぐ」はこちらから！

水《すい》中《ちゅう》を泳《およ》ぐ甲虫《こうちゅう》。後《うし》ろあしをオールのように動《うご》かして泳《およ》ぎ、はねの裏《うら》に空気《くうき》をためて呼吸《こきゅう》します。時々空気《ときどきくうき》を交換《こうかん》するため水面《すいめん》に上《あ》がり、お尻《しり》に空気《くうき》の泡《あわ》をくっつけていることも。

昔《むかし》、源五郎《げんごろう》という名《な》の農民《のうみん》がなんやかんやあって天《てん》に昇《のぼ》り、雷様《かみなりさま》のお手伝《てつだ》いで雨《あめ》を降《ふ》らしていたら、うっかり足《あし》をすべらせて池《いけ》に落《お》ちてしまい、フナになった——。これが琵琶湖《びわこ》に住《す》む魚《さかな》、「ゲンゴロウブナ」の由来《ゆらい》を伝《つた》える民話《みんわ》『源五郎《げんごろう》の天昇《てんのぼ》り』であり、そのゲンゴロウブナを食《た》べていたからゲンゴロウという名前《なまえ》になったそうな。

アブラムシにとっては 赤《あか》い悪魔《あくま》。

こんちゅうクンの豆知識《まめちしき》

大《おお》きさ：1cmもない
見《み》られる時期《じき》：春《はる》～秋《あき》(夏《なつ》は夏眠《かみん》をして見《み》られなくなります)
見《み》られる場所《ばしょ》：草《くさ》むら
好《す》きな食《た》べ物《もの》：リンゴ、アブラムシ(成虫《せいちゅう》は1日《にち》に100匹《ぴき》も食《た》べるのだとか)
好《す》きな映画《えいが》：『七人《しちにん》の侍《さむらい》』
好《す》きなコンビニ：セブンイレブン
好《す》きな歌《うた》：『夜桜《よざくら》お七《しち》』(坂本冬美《さかもとふゆみ》)
好《す》きなサッカー選手《せんしゅ》：名波浩《ななみひろし》
一言《ひとこと》：別《べつ》に本気《ほんき》でお天道様《てんとさま》目指《めざ》して登《のぼ》ってるわけじゃないよ！
：絵《え》で描《か》くと点《てん》の位置《いち》がサッカーボールみたいになってること多《おお》いんだよなぁ。

ナナホシテントウ

＼ナナホシテントウ／
ショート動画《どうが》「交尾《こうび》」はこちらから！

小《ちい》さくてかわいいし、赤《あか》いはねに7つの黒《くろ》い点《てん》と、色《いろ》も鮮《あざ》やか。幸運《こううん》を呼《よ》ぶ虫《むし》として愛《あい》されています。公園《こうえん》や草《くさ》むらで簡単《かんたん》に見《み》つかることも人気《にんき》の理由《りゆう》でしょう。

しかし、その生態《せいたい》ははっきり申《もう》し上《あ》げて全《まった》くかわいくなく、完全《かんぜん》なド肉食昆虫《にくしょくこんちゅう》。幼虫《ようちゅう》も成虫《せいちゅう》もアブラムシを食《た》べまくります。しかも、触《さわ》ると黄色《きいろ》いくさい汁《しる》を出《だ》します。赤《あか》い色《いろ》も捕食者《ほしょくしゃ》への「オレはまずいぞ!」という警告《けいこく》。「かわいいなぁ」とか言《い》って間違《まちが》って口《くち》に放《ほう》り込《こ》むと、ものすごく苦《にが》いので、警告《けいこく》は素直《すなお》に受《う》け入《い》れましょう。

▲虫並外《むしなみはず》れた模様《もよう》のパターン数《すう》を持《も》つナミテントウ。中《なか》にはナナホシテントウっぽいナミテントウもいる

ナミテントウ

全然《ぜんぜん》“並《なみ》”じゃない！ 個性豊《こせいゆた》かなはね模様《もよう》。

こんちゅうクンの豆知識《まめちしき》

大《おお》きさ：1cm もない
好《す》きな言葉《ことば》：普通《ふつう》が一番《いちばん》
見《み》られる時期《じき》：春《はる》〜秋《あき》（やっぱり夏眠《かみん》します）
好《す》きな映画《えいが》：『普通《ふつう》じゃない』
見《み》られる場所《ばしょ》：木《き》の枝《えだ》（ナナホシよりも高《たか》い所《ところ》にいることが多《おお》い）。冬《ふゆ》は狭《せま》い所《ところ》で集団越冬《しゅうだんえっとう》。
好《す》きな食《た》べ物《もの》：アブラムシ
一言《ひとこと》：ナナホシテントウ の方《ほう》が“普通《ふつう》”でしょ！
：冬《ふゆ》には集団《しゅうだん》で暗《くら》い場所《ばしょ》で冬越《ふゆご》しをします。窓《まど》のサッシで見《み》つかることも。

＼ ナミテントウ ／

ショート動画《どうが》「交尾《こうび》」はこちらから！

ナナホシテントウと同《おな》じくらい、近所《きんじょ》で普通《ふつう》に見《み》かけるテントウムシ。「ナミ」とは普通《ふつう》を意味《いみ》する「並《なみ》」。牛丼《ぎゅうどん》を頼《たの》む時《とき》の「並盛《なみも》り」の「並《なみ》」です。つまり、普通《ふつう》のテントウムシってことです。

黒《くろ》い体《からだ》に赤《あか》い点《てん》が2ついているイメージかもしれませんが、点《てん》が4つだったり、もっとたくさんだったり、赤《あか》い体《からだ》に黒《くろ》い点《てん》がたくさんついてたり、全《まった》くついてなかったりと、さまざまな模様《もよう》が存在《そんざい》します。虫並外《むしなみはず》れたパターン数《すう》！

コガタルリハムシ

春《はる》の訪《おとず》れも 終《お》わりも告《つ》げる。

こんちゅうクンの豆知識《まめちしき》

大《おお》きさ：5mm ちょっと
見《み》られる時期《じき》：春《はる》
見《み》られる場所《ばしょ》：ギシギシ、スイバの葉《は》っぱ
好《す》きな食《た》べ物《もの》：ギシギシ、スイバ
：毎年《まいとし》この虫《むし》が出《で》てくるのを心待《こころま》ちにしています。いなくなるのも早《はや》いので、うじゃうじゃいても油断《ゆだん》せずにしっかり観察《かんさつ》しましょう。

当《とう》園《えん》では2月頃《がつごろ》から姿《すがた》を現《あらわ》し、ギシギシやスイバの葉《は》を食《た》べます。幼虫《ようちゅう》も同《おな》じ葉《は》を食《た》べるため、葉《は》っぱが遠目《とおめ》からでもわかるくらい虫食《むしく》い痕《あと》だらけになることもしばしば。ただ、そーっと近《ちか》づかないとすぐに死《し》んだフリをしてポロポロと落《お》ちていくので、お気《き》をつけください。

彼《かれ》らは**春《はる》にしか見《み》られません**。春《はる》に地中《ちちゅう》から出《で》てきて交尾《こうび》、産卵《さんらん》をし、幼虫《ようちゅう》が育《そだ》つと地面《じめん》に潜《もぐ》ってさなぎになり、羽化《うか》しても成虫《せいちゅう》のまま次《つぎ》の春《はる》まで地中《ちちゅう》で過《す》ごします。**1年《ねん》のほとんどを地面《じめん》の中《なか》で寝《ね》て過《す》ごす感《かん》じ！**うらやましい！

ハンミョウ　生《い》きる道教《みちおし》え。

＼ハンミョウ／

ショート動画《どうが》
「ご飯《はん》を巡《めぐ》って」は
こちらから！

こんちゅうクンの豆知識《まめちしき》

大《おお》きさ：2cmぐらい
好《す》きな食《た》べ物《もの》：アリ、ミミズなどほかの虫《むし》
見《み》られる時期《じき》：春《はる》〜秋《あき》
見《み》られる場所《ばしょ》：庭《にわ》、神社《じんじゃ》、山道《やまみち》、河川敷《かせんしき》など
：大《おお》アゴが半分緑色《はんぶんみどりいろ》になってる方《ほう》がメス

神《じん》社《じゃ》の境内《けいだい》や山道《やまみち》などを歩《ある》くとハンミョウが見《み》つかることがあります。こちらが近《ちか》づくとちょっと前《まえ》へ飛《と》ぶ。また近《ちか》づくとまたちょっと飛《と》ぶ。これが道案内《みちあんない》をしてくれるように見《み》えることから「ミチオシエ（道教《みちおし》え）」の別名《べつめい》も。

ハンミョウは地面《じめん》に卵《たまご》を生《う》み、幼虫《ようちゅう》は地面《じめん》から顔《かお》を出《だ》して虫《むし》を捕《つか》まえて育《そだ》ちます。いい感《かん》じの土《つち》の地面《じめん》がないと生《い》きられないのです。道《みち》がコンクリートだらけだと、ほかの虫《むし》だって生《い》きづらい。ハンミョウは私《わたし》たちが生《い》きるべき道《みち》についても教《おし》えてくれているのかもしれません。

イワタオサムシ

こんちゅうクンの地元《じもと》、「磐田《いわた》」の名前《なまえ》を持《も》つ昆虫《こんちゅう》。

こんちゅうクンの豆知識《まめちしき》

大《おお》きさ：2.5cm ぐらい　　見《み》られる時期《じき》：春《はる》～秋《あき》

見《み》られる場所《ばしょ》：林《はやし》の中《なか》の地面《じめん》。冬《ふゆ》は朽《く》ち木《き》や土《つち》の中《なか》

：オサムシの見分《みわ》けはとても難《むずか》しく、オスの外部交尾器《がいぶこうびき》（おちんちんのことです）の形《かたち》を見《み》ないとわからないなんてこともよくあります。オサムシの図鑑《ずかん》にはオスの外部交尾器《がいぶこうびき》の絵《え》がずらり！眺《なが》めているとなんとも不思議《ふしぎ》な気持《きも》ちになります。

オサムシは「歩行虫《ほこうちゅう》」とも書《か》かれるように、地面《じめん》を歩《ある》き回《まわ》ります。飛《と》べないものがほとんどで、川《かわ》に隔《へだ》たれると移動《いどう》ができないため、地域《ちいき》によって色々《いろいろ》な種《しゅ》に分《わ》かれています。静岡県《しずおかけん》にもシズオカオサムシやカケガワオサムシなどのご当地《とうち》オサムシが存在《そんざい》。僕《ぼく》のいる磐田市《いわたし》の名前《なまえ》がついたのが、このイワタオサムシ（正確《せいかく》にはカケガワオサムシ磐田原亜種《いわたはらあしゅ》）です。

ちなみに昆虫《こんちゅう》が大好《だいす》きな漫画《まんが》家《か》・手塚治虫《てづかおさむし》氏の名前《なまえ》もオサムシが由来《ゆらい》です（本名《ほんみょう》は「治《おさむ》」）。自分《じぶん》の名前《なまえ》に似《に》ているオサムシが特《とく》に好《す》きだったようです。

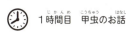

こんちゅうクンの豆知識《まめちしき》

大《おお》きさ：1～1.5cm　見《み》られる場所《ばしょ》：林縁《りんえん》の小川《おがわ》　見《み》られる時期《じき》：初夏《しょか》

：ホタルは「火（ほ）」が「垂《た》れる」ということから名《な》づけられたという説《せつ》も。あの有名《ゆうめい》な映画《えいが》は「火垂《ほた》る」でした。また、「蛍雪《けいせつ》」（＝苦労《くろう》して勉学《べんがく》に励《はげ》むこと）は、貧乏《びんぼう》で明《あ》かりを灯《とも》す油《あぶら》も買《か》えなかったためにホタルの光《ひかり》で勉強《べんきょう》したという中国《ちゅうごく》の故事《こじ》が由来《ゆらい》。昔《むかし》はもっと当《あ》たり前《まえ》のようにホタルがたくさん飛《と》んでたんだろうなとうらやましく思《おも》います。あと、僕《ぼく》だったらホタルばっか見《み》ちゃって全然勉強《ぜんぜんべんきょう》できないだろうなとも。

ゲンジボタル

変《か》わり者《もの》の中《なか》の変《か》わり者《もの》。

光《ひかり》を使《つか》ってコミュニケーションを図《はか》り、オスとメスが出会《であ》うためにそれぞれが光《ひか》ります。また、敵《てき》を驚《おどろ》かすためや、刺激《しげき》に反応《はんのう》して光《ひか》る場合《ばあい》もあります。全《すべ》ての種類《しゅるい》のホタルが光《ひか》るわけではなく、昼間《ひるま》に活動《かつどう》するものなど光《ひか》らないのもいます。また、ゲンジボタルとヘイケボタルのように幼虫《ようちゅう》が水中《すいちゅう》で過《す》ごす種《しゅ》はかなり少数派《しょうすうは》。ちなみに、卵《たまご》、幼虫《ようちゅう》、さなぎも光《ひか》ります。

ゲンジボタルの幼虫《ようちゅう》は川《かわ》の中《なか》でカワニナという貝《かい》を食《た》べて育《そだ》ち、陸地《りくち》に上《あ》がってさなぎになり、約《やく》1ヶ月半後《かげつはんご》に羽化《うか》して飛《と》び立《た》ちます。成長段階《せいちょうだんかい》ごとに住《す》む場所《ばしょ》を変《か》えるのも、とても珍《めずら》しい生活史《せいかつし》。ちなみに成虫《せいちゅう》は水《みず》しか飲《の》まず、約《やく》1週間《しゅうかん》しか生《い》きられません。

マイマイカブリ（ヒメマイマイカブリ）

カタツムリをかぶる。

こんちゅうクンの豆知識《まめちしき》

大《おお》きさ：3～5cm

見《み》られる時期《じき》：春《はる》～秋《あき》

見《み》られる場所《ばしょ》：林《はやし》の中《なか》の地面《じめん》。冬《ふゆ》は朽《く》ち木《き》や土《つち》の中《なか》

好《す》きな食《た》べ物《もの》：カタツムリ

：マイマイカブリは日本《にほん》にしか生息《せいそく》していません（日本固有《にほんこゆう》種《しゅ》と言《い》います）。世界《せかい》の中《なか》でマイマイカブリに会《あ》えるのは日本《にほん》だけ。痛《いた》いしくさいけど、日本《にほん》にしかいないのならば、愛《あい》そうではありませんか！

首《くび》が長《なが》く、カタツムリ（マイマイ）の殻《から》に頭《あたま》を突《つ》っ込《こ》んで食《た》べます。その姿《すがた》から「マイマイ被《かぶ》り」の名前《なまえ》がつきました。有名《ゆうめい》だけど、野外《やがい》で実物《じつぶつ》を見《み》たことがある人《ひと》は少《すく》ないのではないでしょうか。

そんなマイマイカブリの意外《いがい》な一《いち》面《めん》を伝《つた》えておきます。まず、**毒《どく》があります**。つかむと毒液《どくえき》を発射《はっしゃ》。肌《はだ》に触《ふ》れるとピリピリ痛《いた》みます。そして、**くさいです**。カメムシとは違《ちが》う独特《どくとく》のくささ。一度《いちど》その臭《にお》いを体験《たいけん》しようと顔《かお》を近《ちか》づけたら、毒液《どくえき》を出《だ》されて顔全体《かおぜんたい》がピリピリしました。

※目《め》に入《はい》ると危《あぶ》ないのでマネしないでね（ちゃんと臭《にお》いは嗅《か》げました）。

アッツアツの“おなら”が武器《ぶき》。

ミイデラゴミムシ

こんちゅうクンの豆知識《まめちしき》

大《おお》きさ：1.5cm ぐらい
見《み》られる時期《じき》：初夏《しょか》〜秋《あき》
見《み》られる場所《ばしょ》：田《た》んぼの近《ちか》く、石《いし》の裏《うら》、地面《じめん》の上《うえ》
好《す》きな食《た》べ物《もの》：肉《にく》、幼虫《ようちゅう》はケラの卵《たまご》
：採集《さいしゅう》するときは落《お》とし穴《あな》トラップが効果的《こうかてき》。

＼ミイデラゴミムシ／
ショート動画《どうが》「ガス攻撃《こうげき》」
はこちらから！

田《た》んぼの近《ちか》くの地面《じめん》を歩《ある》いていたりする、オレンジ色《いろ》のゴミムシ。特技《とくぎ》はおなら。刺激《しげき》を受《う》けると腹《はら》の先《さき》から高温《こうおん》のガスを敵《てき》に向《む》かって発射《はっしゃ》します。手袋《てぶくろ》をはめて触《さわ》ってみたら「ブッブッ」と連発《れんぱつ》されました。しかもちゃんとくさい。素手《すで》だと熱《あつ》いし手《て》が茶色《ちゃいろ》く変色《へんしょく》するので要注意《ようちゅうい》。このガス攻撃《こうげき》をおならに見立《みた》てて、別名《べつめい》「ヘッピリムシ」「ヘヒリムシ」と言《い》うのも納得《なっとく》です。

ちなみに本名《ほんみょう》の「ミイデラ」とはどうやら滋賀県《しがけん》の「三井寺《みいでら》」のことで、放屁合戦《ほうひがっせん》の絵巻物《えまきもの》が保管《ほかん》されていることに由来《ゆらい》するとのこと。

本名《ほんみょう》も結局《けっきょく》おなら関連《かんれん》！

休《やす》み時間《じかん》①

【虫《むし》と昆虫《こんちゅう》のちがい】

昆虫《こんちゅう》のことをざっくりと「虫《むし》」と呼《よ》びますが、昔《むかし》は哺乳類《ほにゅうるい》、鳥《とり》、魚以外《さかないがい》のほぼすべての生《い》き物《もの》を「虫《むし》」と呼《よ》んでいました。漢字《かんじ》の「虫《むし》」もヘビ（マムシ）の形《かたち》から変化《へんか》してできた象形文字《しょうけいもじ》。ヘビも虫《むし》なんですね。

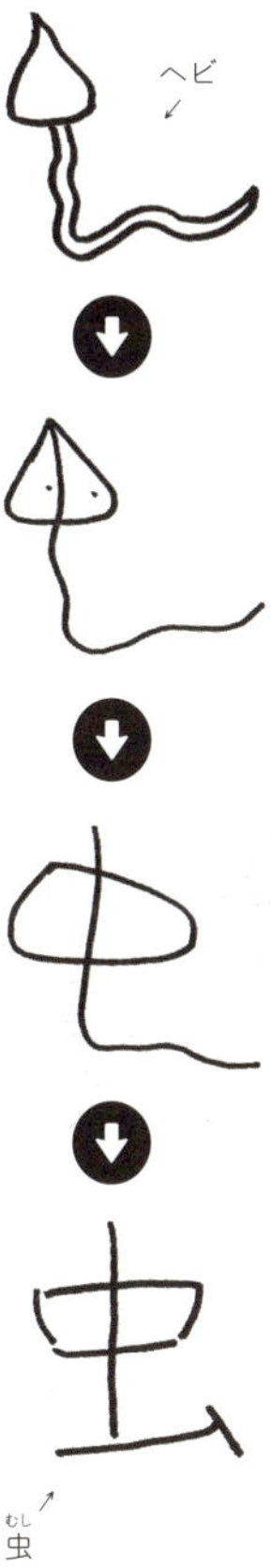

「昆虫《こんちゅう》」は虫《むし》の中《なか》でも「あしが6本《ぼん》」あり、体《からだ》が頭《あたま》・胸《むね》・腹《はら》に分《わ》かれていて、胸《むね》からはねが4枚《まい》、あしが6本生《ぼんは》えています。チョウやガの幼虫《ようちゅう》の多《おお》くは6本以上《ぼんいじょう》あしがあるように見《み》えますが、本物《ほんもの》のあしは前《まえ》の6本《ぼん》であり、後《うし》ろの方《ほう》にあるのは10本《ぼん》の「腹脚《ふくきゃく》」というニセモノのあしみたいなものです。またアゲハチョウやカブトムシの幼虫《ようちゅう》のようにはねが生《は》えていないものや、ハエやアブ、カの仲間《なかま》のようにはねが2枚《まい》（後《うし》ろの2枚《まい》は平均棍《へいきんこん》という棒《ぼう》になっています）のものもいます。

ヒトは虫《むし》には含《ふく》まれませんが、「泣《な》き虫《むし》」や「本《ほん》の虫《むし》」など、「虫《むし》」と呼《よ》ばれるヒトもいます。

2時間目《じかんめ》

チョウのお話《はなし》

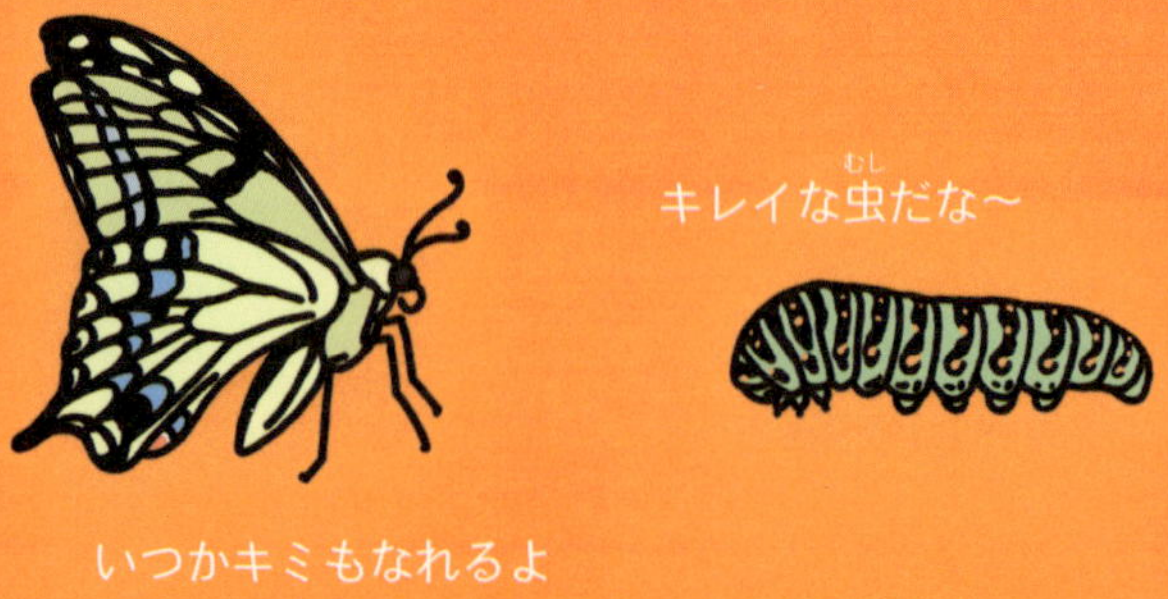

ショート動画《どうが》
「産卵《さんらん》」・「羽化《うか》」は
こちらから！

＼モンシロチョウ／

こんちゅうクンの豆知識《まめちしき》

大《おお》きさ：はねを広《ひろ》げると 4.5cm、
幼虫《ようちゅう》は 2.5 ～ 3cm ぐらい
見《み》られる時期《じき》：春《はる》～秋《あき》
見《み》られる場所《ばしょ》：キャベツ畑《ばたけ》、花《はな》
：おしりを上《あ》げるポーズはメスの「交尾拒否《こうびきょひ》」のアピール。

モンシロチョウ

菜《な》の葉《は》にとまるチョウ。

「紋《もん》（もよう）が黒《くろ》い、白《しろ》いチョウ」ということで「紋黒白蝶《もんくろしろちょう》」と名《な》づけられましたが、短縮《たんしゅく》されて「紋白蝶《もんしろちょう》」に。卵《たまご》をキャベツやブロッコリーなど菜《な》の花《はな》の仲間《なかま》に産《う》みつけ、幼虫《ようちゅう》はその葉《は》を食《た》べます。「ちょうちょ、ちょうちょ、菜《な》の葉《は》にとまれ～」という歌《うた》も、このモンシロチョウのこと。菜《な》の〝花《はな》〟ではなく〝葉《は》〟なので、たぶん産卵《さんらん》に来《き》たメスですね。

モンシロチョウを幼虫《ようちゅう》やさなぎから育《そだ》てる際《さい》、寄生蜂《きせいばち》（アオムシコマユバチ）が出《で》て来《き》て泣《な》いた方《かた》も多《おお》いのではないでしょうか。卵《たまご》には寄生《きせい》しないのでぜひ卵《たまご》から育《そだ》ててみては。

こんちゅうクンの豆知識《まめちしき》

大《おお》きさ：はねを広《ひろ》げると４～5cm、幼虫《ようちゅう》は3cmぐらい

見《み》られる時期《じき》：春《はる》～秋《あき》　見《み》られる場所《ばしょ》：草《くさ》むら、花《はな》

：メスは黄色《きいろ》と白《しろ》、オスは黄色《きいろ》なので白《しろ》いモンキチョウはメスです。

ファンキーモンキーバタフライ。

モンキチョウ

紋《もん》のある黄色《きいろ》いチョウ。モンキーとは関係《かんけい》ありませんが、申年《さるどし》の年賀状《ねんがじょう》に描《か》くのも粋《いき》です。シロツメクサなどに産卵《さんらん》するので、ちょっとした草《くさ》むらでも見《み》つけられます。

白《しろ》いチョウはモンシロチョウ、黄色《きいろ》はモンキチョウと思《おも》われがちですが、黄色《きいろ》いのはキタキチョウであることも多《おお》いし、なんならモンキチョウのメスには白《しろ》いのもいるので、モンシロチョウと間違《まちが》われることも…。たまに頭《あたま》の毛《け》がピンク色《いろ》のファンキーなやつがいたりするので、名前《なまえ》だけでなく顔《かお》まで覚《おぼ》えてみてください。

キタキチョウ

キチョウでもモンキチョウでもない。

こんちゅうクンの豆知識《まめちしき》

大《おお》きさ：はねを広《ひろ》げると3.5～4.5cm、
幼虫《ようちゅう》は3cmぐらい
見《み》られる時期《じき》：春《はる》～秋《あき》
見《み》られる場所《ばしょ》：花《はな》や草《くさ》むら
：ハギやネムノキに産卵《さんらん》します。
成虫越冬《せいちゅうえっとう》なので春一番《はるいちばん》に
飛《と》び始《はじ》めます。

よく見《み》かける黄色《きいろ》いチョウ。今《いま》まで「キチョウ」と呼《よ》ばれていましたが、2005年《ねん》に**キチョウの中《なか》にも実《じつ》は2種《しゅ》いることが発表《はっぴょう》**され、キタキチョウとミナミキチョウに分《わ》かれました。昔《むかし》の図鑑《ずかん》は「キチョウ」となっているはずです。ミナミキチョウは日本《にほん》では南西諸島《なんせいしょとう》にしかいないので、静岡県《しずおかけん》ではキタキチョウのみ見《み》られます。

場所《ばしょ》によってはモンキチョウよりもよく見《み》かけますので、ぜひはねの模様《もよう》にご注目《ちゅうもく》ください。よく見《み》ていると、**濃《こ》い黄色《きいろ》のオスとうすい黄色《きいろ》のメス**がいることに気《き》づくはずです。

アゲハ（ナミアゲハ）

泥臭《どろくさ》く生《い》き残《のこ》り、優雅《ゆうが》に舞《ま》う。

ショート動画《どうが》
「葉《は》っぱ大好《だいす》き」・
「羽化《うか》」・「お食事《しょくじ》シーン」
はこちらから！

＼アゲハ／

アゲハチョウの仲間《なかま》は大型《おおがた》のものが多《おお》く、蜜《みつ》を吸《す》う時《とき》に**はねを上《あ》げ続《つづ》けるので「揚羽蝶《あげはちょう》」**と言《い》われています。アゲハ（ナミアゲハ）、クロアゲハ、モンキアゲハ、カラスアゲハ、ナガサキアゲハなどは、好《この》みは分《わ》かれますが、どれもミカンの仲間《なかま》に産卵《さんらん》し、幼虫《ようちゅう》はその葉《は》を食《た》べて育《そだ》ちます。中《なか》にはニンジンやパセリなどのセリ科《か》につくキアゲハ、クスノキやタブノキにつくアオスジアゲハなどもいます。

生《う》まれたての幼虫《ようちゅう》を一齢幼虫《いちれいようちゅう》、一回脱皮《いっかいだっぴ》したものを二齢幼虫《にれいようちゅう》と呼《よ》び、脱皮《だっぴ》を繰《く》り返《かえ》し五齢幼虫《ごれいようちゅう》まで育《そだ》ちます。**五齢幼虫《ごれいようちゅう》が脱皮《だっぴ》をすると、**

こんちゅうクンの豆知識《まめちしき》

大《おお》きさ：はねを広《ひろ》げると５～10cm、幼虫《ようちゅう》は５～7cm ぐらい

見《み》られる時期《じき》：春《はる》～秋《あき》

見《み》られる場所《ばしょ》：花《はな》や、卵《たまご》を産《う》む植物《しょくぶつ》のまわり

：春《はる》に見《み》られる成虫《せいちゅう》は小《ち》さく、夏《なつ》に見《み》られるものは大《おお》きくなる。

さなぎです。アゲハやクロアゲハなどは**四齢幼虫《よんれいようちゅう》までは白《しろ》と黒《くろ》のまだら模様《もよう》**のものが多《おお》く、オジロアシナガゾウムシ同様《どうよう》、鳥《とり》のフンそっくり。そして**五齢幼虫《ごれいようちゅう》になると突如緑色《とつじょみどりいろ》に変身《へんしん》**します。

アゲハチョウの幼虫《ようちゅう》は触《さわ》るとくさい角《つの》（その名《な》もまさに「臭角《しゅうかく》」）を出《だ》すのも特徴《とくちょう》のひとつ。食《た》べている植物由来《しょくぶつゆらい》のくさい臭《にお》いを出《だ》します。アゲハは黄色《きいろ》、クロアゲハは赤《あか》など種《しゅ》ごとに色《いろ》も臭《にお》いも少《すこ》しずつ違《ちが》います。きれいなチョウの代表的《だいひょうてき》なグループですが、**フンとか悪臭《あくしゅう》とかを利用《りよう》**して、けっこう泥臭《どろくさ》く生《い》き残《のこ》っています。

\ ジャコウアゲハ /

ショート動画《どうが》
「愛《め》でる」は
こちらから！

ジャコウアゲハ

体《からだ》の中《なか》に毒《どく》を持《も》て。

こんちゅうクンの豆知識《まめちしき》

大《おお》きさ：はねを広《ひろ》げると８〜10cm、幼虫《ようちゅう》は4cm ぐらい

見《み》られる時期《じき》：春《はる》〜秋《あき》　見《み》られる場所《ばしょ》：林《はやし》の近《ちか》く、ウマノスズクサのまわり

：さなぎの別名《べつめい》は「お菊虫《きくむし》」。怪談《かいだん》『皿屋敷《さらやしき》』に出《で》てくるお菊《きく》のことです。姫路城下《ひめじじょうか》の井戸《いど》でたくさん発生《はっせい》したこのさなぎが、後《うし》ろ手《で》でしばられた女性《じょせい》に似《に》ていて、姫路城《ひめじじょう》で殺《ころ》されたお菊《きく》の幽霊《ゆうれい》だと言《い》われたらしいです。

他《ほか》のアゲハとは違《ちが》い、ジャコウアゲハの幼虫《ようちゅう》は白《しろ》と黒《くろ》、時々《ときどき》、赤《あか》。しかもトゲトゲ。見《み》た感《かん》じハデで全然隠《ぜんぜんかく》れる気《き》なし！実《じつ》は幼虫時代《ようちゅうじだい》にウマノスズクサという毒草《どくそう》を食《た》べて育《そだ》ち、体《からだ》に毒《どく》を蓄《たくわ》えています。ハデな色《いろ》で「オレを食《た》べてもまずいぞ」アピールをしているんですね。

幼虫時代《ようちゅうじだい》に体《からだ》に蓄《たくわ》えた毒《どく》を、さなぎ・成虫《せいちゅう》も持《も》ち続《つづ》け、産卵《さんらん》する時《とき》もメスは卵《たまご》に毒《どく》を塗《ぬ》りつけるそうです。一生毒《いっしょうどく》と一緒《いっしょ》。目立《めだ》たないようにひっそり生《い》きるか、体《からだ》に武器《ぶき》を仕込《しこ》んで目立《めだ》ちながら生《い》きるか。…僕《ぼく》はジャコウアゲハのように生《い》きたい！

こんちゅうクンの豆知識《まめちしき》

大《おお》きさ：はねを広《ひろ》げると 6 ~ 8cm、
幼虫《ようちゅう》は 4cm ぐらい
見《み》られる時期《じき》：春《はる》〜秋《あき》
見《み》られる場所《ばしょ》：樹液《じゅえき》、エノキのまわり
：ゴマのような点々模様《てんてんもよう》を「胡麻斑《ごまだら》」と言《い》い、色々《いろいろ》な虫《むし》の名前《なまえ》で使《つか》われています。

エノキと共《とも》に生《い》きる。

ゴマダラチョウ

夏《なつ》の幼虫《ようちゅう》

冬《ふゆ》の幼虫《ようちゅう》

白《しろ》と黒《くろ》のまだら模様《もよう》のチョウ。エノキという木《き》に産卵《さんらん》するため、その回《まわ》りを飛《と》び回《まわ》っています。樹液《じゅえき》にも集《あつ》まります。

このチョウは幼虫《ようちゅう》で冬《ふゆ》を越《こ》すタイプ。冬《ふゆ》にエノキの根本《ねもと》の落《お》ち葉《ば》をめくると、茶色《ちゃいろ》い幼虫《ようちゅう》がぴたっとくっついてることがあります。夏《なつ》の幼虫《ようちゅう》は緑色《みどりいろ》ですが、冬《ふゆ》には落《お》ち葉《ば》と同《おな》じ茶色《ちゃいろ》に変身《へんしん》。かくれんぼ上手《じょうず》なんです。布団《ふとん》と同《おな》じ柄《がら》のパジャマを着《き》て寝《ね》れば、朝《あさ》お母《かあ》さんに見《み》つからずにいつまでも寝《ね》ていられるかもしれませんね（遅刻《ちこく》するけどね!）。ちなみにエノキタケは「エノキに生《は》えるキノコ」が語源《ごげん》です。

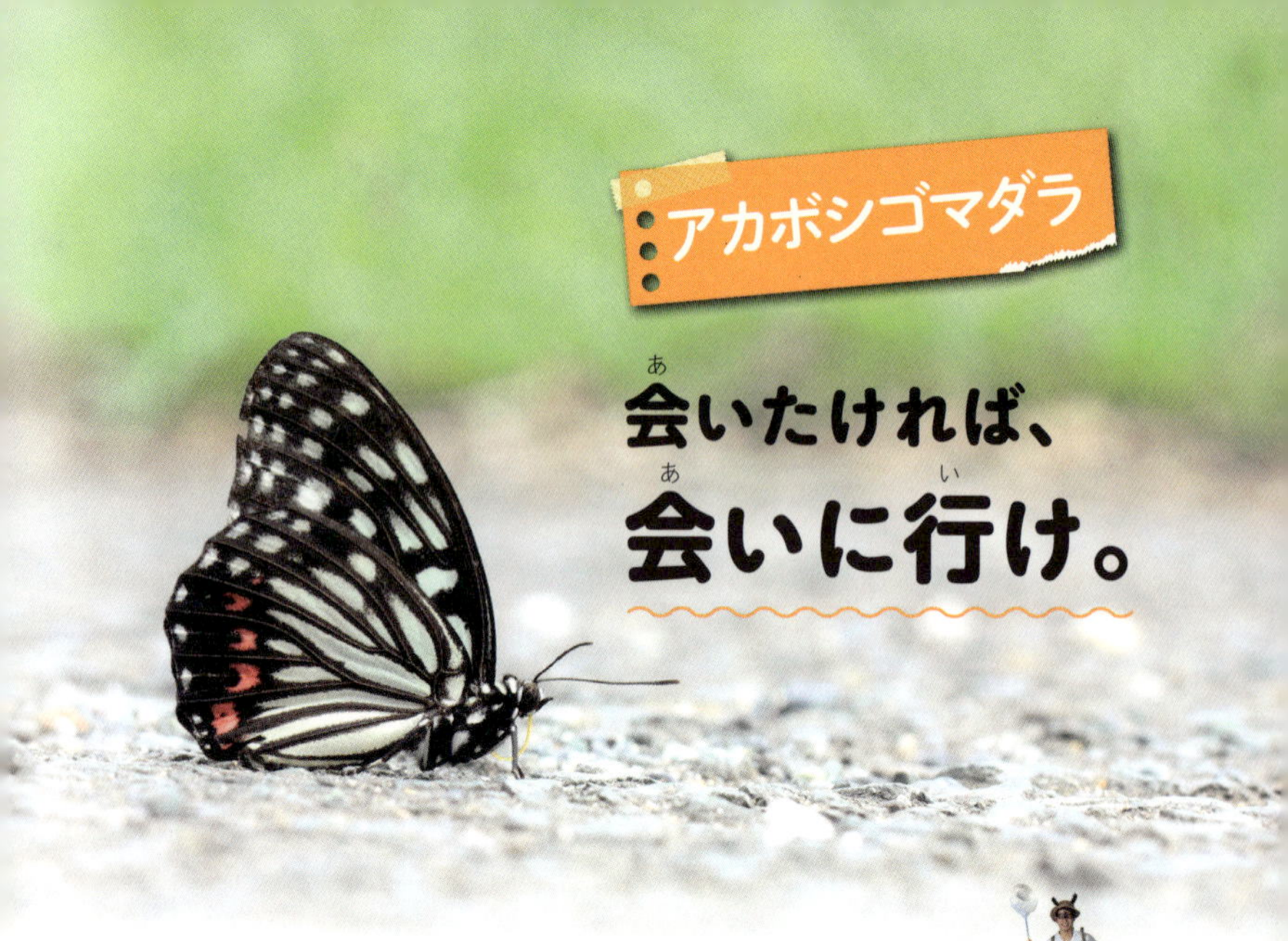

アカボシゴマダラ

会《あ》いたければ、会《あ》いに行《い》け。

こんちゅうクンの豆知識《まめちしき》

大《おお》きさ：はねを広《ひろ》げると 10cm ぐらい

好《す》きな食《た》べ物《もの》：樹液《じゅえき》　見《み》られる時期《じき》：春《はる》〜秋《あき》　見《み》られる場所《ばしょ》：公園《こうえん》や林《はやし》

💡：奄美亜種《あまみあしゅ》を除《のぞ》く本種《ほんしゅ》は特定外来生物《とくていがいらいせいぶつ》に指定《してい》されていて、飼育《しいく》、運搬《うんぱん》、放出《ほうしゅつ》などが法律《ほうりつ》で禁止《きんし》されています。

日《に》本《ほん》の奄美諸島《あまみしょとう》に生息《せいそく》しているチョウですが、中国大陸《ちゅうごくたいりく》のアカボシゴマダラが放《はな》され、本州《ほんしゅう》にも定着《ていちゃく》しました。本州《ほんしゅう》で見《み》られるアカボシゴマダラはすべて**以前《いぜん》は生息《せいそく》していなかった**ものです。

僕《ぼく》がいる磐田市《いわたし》でも数年前《すうねんまえ》まではいなかったのに、今《いま》ではよく見《み》るチョウのひとつになりました。初《はじ》めて見《み》たときは感動《かんどう》しましたが、もともといたゴマダラチョウにとっては脅威《きょうい》。住《す》みかも食《た》べ物《もの》も同《おな》じなので争《あらそ》いが生《う》まれ、**生《い》きにくくなってしまいます**。あこがれの存在《そんざい》だとしても、会《あ》いたければ、**こっちから会《あ》いに行《い》こう**。

こんちゅうクンの豆知識《まめちしき》

大《おお》きさ：はねを広《ひろ》げると5～6cm、
幼虫《ようちゅう》は4cmぐらい
見《み》られる時期《じき》：春《はる》～秋《あき》
見《み》られる場所《ばしょ》：樹液《じゅえき》、道《みち》、木《き》の幹《みき》
：成虫《せいちゅう》で冬《ふゆ》を越《こ》すので冬《ふゆ》でもたまに見《み》つかります。

ルリタテハ

パジャマ、巻紙《まきがみ》、タテハチョウ。

アカタテハ

キタテハ

瑠《る》璃色《りいろ》がとても美《うつく》しいタテハチョウ。木《き》の幹《みき》や道《みち》のまん中《なか》など、目立《めだ》つ場所《ばしょ》に止《と》まっていることが多《おお》いです。なわばりを持《も》つオスが見張《みは》っているんですね。

タテハチョウには赤《あか》いアカタテハ、黄色《きいろ》い（オレンジっぽい）キタテハなどカラフルなのもいますが、はねの裏側《うらがわ》はどのチョウもだいたい地味《じみ》。アピールする時《とき》は、はねを広《ひろ》げ、隠《かく》れる時《とき》は閉《と》じるというように、上手《うま》く使《つか》い分《わ》けています。アカタテハ・ルリタテハ・キタテハ。3色《しょく》セットで覚《おぼ》えると早口言葉《はやくちことば》っぽくなります（パジャマや巻紙《まきがみ》より言《い》いやすいよ）。

ヤマトシジミ

ハートの葉《は》っぱに産《う》むっきゃない。

こんちゅうクンの豆知識《まめちしき》

大《おお》きさ：はねを広《ひろ》げると２～3cm、幼虫《ようちゅう》は1cmぐらい

見《み》られる時期《じき》：春《はる》～秋《あき》　見《み》られる場所《ばしょ》：花《はな》やカタバミのある草《くさ》むら

：飛《と》んでいる時《とき》のシジミチョウは見分《みわ》けが難《むずか》しいのですが、地面《じめん》近《ちか》くを飛《と》んでいることが多《おお》いです。

公《こう》園《えん》やちょっとした草《くさ》むらでも普通《ふつう》に見《み》られ、チラチラと低《ひく》く飛《と》び回《まわ》る小《ちい》さなチョウ。**カタバミという植物《しょくぶつ》に産卵《さんらん》**します。四《よ》つ葉《ば》のクローバー（シロツメクサ）がよく♡形《がた》で描《えが》かれますが、**♡形《がた》の葉《は》っぱはカタバミ**です。卵《たまご》や幼虫《ようちゅう》を見《み》つけるのは難《むずか》しいですが、よく見《み》ていると産卵《さんらん》シーンには遭遇《そうぐう》できます。

シジミチョウは「シジミ貝《がい》」に由来《ゆらい》。なんならヤマトシジミという全《まった》く同《おな》じ名前《なまえ》のシジミ貝《がい》もいます。二日酔《ふつかよ》いの時《とき》に大変《たいへん》お世話《せわ》になっていますが、みんなは大人《おとな》になってから、その有《あ》り難《がた》みがわかることと思《おも》います。

こんちゅうクンの豆知識《まめちしき》

大《おお》きさ：はねを広《ひろ》げると 3.5 ～ 4cm、
幼虫《ようちゅう》は 3cm ぐらい

見《み》られる時期《じき》：春《はる》～秋《あき》

見《み》られる場所《ばしょ》：花《はな》

：森山直太朗《もりやまなおたろう》の『あの街《まち》が見《み》える丘《おか》で』という曲《きょく》の歌詞《かし》に登場《とうじょう》します。

ガじゃなくて、ちゃんとチョウ。

イチモンジセセリ

真正面《ましょうめん》から見《み》た顔《かお》

特《とく》に秋《あき》に多《おお》く見《み》られ、後《うし》ろはねの白《しろ》い点《てん》が一列《いちれつ》に並《なら》ぶのが特徴《とくちょう》。「せせる」とは「つっつく」の意味《いみ》で、花《はな》をつっつくようにせわしなく飛《と》び回《まわ》る姿《すがた》から名《な》づけられました。

地味《じみ》な茶色《ちゃいろ》なので、よくガと間違《まちが》えられます。カマキリのエサとしてモンシロチョウやキタキチョウを与《あた》えると「かわいそう」と言《い》われることが多《おお》いのですが、イチモンジセセリだとあまり言《い》われません。一度真正面《いちどましょうめん》からその姿《すがた》をご覧《らん》ください。顔《かお》がすこぶるかわいいです。それに気《き》づけば、もう少《すこ》しこのチョウの人気《にんき》も上《あ》がるはず。

こんちゅうクンの豆知識《まめちしき》

大《おお》きさ：はねを広《ひろ》げると6～7cm、幼虫《ようちゅう》は4～4.5cmぐらい

見《み》られる時期《じき》：春《はる》～秋《あき》　見《み》られる場所《ばしょ》：花壇《かだん》、草《くさ》むら

：オスは全体《ぜんたい》がオレンジ色《いろ》。一番《いちばん》よく見《み》るヒョウモンチョウです。

ザ・大阪《おおさか》のおばちゃん。

ツマグロヒョウモン

メスのはねの先《さき》が黒《くろ》くなるヒョウ柄《がら》のチョウ。以前《いぜん》は西日本《にしにほん》にしかいませんでしたが、近年分布《きんねんぶんぷ》を広《ひろ》げ、1990年代以降《ねんだいいこう》は関東地方《かんとうちほう》まで定着《ていちゃく》しています。西《にし》から進出《しんしゅつ》してきて、しかもヒョウ柄《がら》。大阪《おおさか》のおばちゃんのイメージです。

パンジーやスミレに産卵《さんらん》するので、庭《にわ》や花壇《かだん》でも見《み》られます。幼虫《ようちゅう》は黒《くろ》と赤《あか》の毒々《どくどく》しい色《いろ》でトゲトゲした毛虫《けむし》みたいな姿《すがた》をしていますが、トゲに触《さわ》ってもやわらかいし毒《どく》もありません。見《み》た目《め》は怖《こわ》いけど、話《はな》してみたらめっちゃおもろい。やっぱり大阪《おおさか》のおばちゃんのイメージです。

こんちゅうクンの豆知識《まめちしき》

大《おお》きさ：はねを広《ひろ》げると4cm、
幼虫《ようちゅう》は2cmぐらい
見《み》られる時期《じき》：春《はる》〜秋《あき》
見《み》られる場所《ばしょ》：樹液《じゅえき》、林縁《りんえん》
：クズの花《はな》に丸《まる》い穴《あな》があいてたら幼虫《ようちゅう》がいる可能性大《かのうせいだい》。

おしりから、打《う》ち上《あ》げ花火《はなび》。

ウラギンシジミ

はねの裏《うら》は銀色《ぎんいろ》、表《おもて》は茶色《ちゃいろ》で、オスはオレンジ、メスは白《しろ》の模様《もよう》が入ります。木《き》の葉《は》っぱの裏《うら》でじっとしており、冬《ふゆ》は成虫越冬《せいちゅうえっとう》で、1ヶ月以上同《かげついじょうおな》じ場所《ばしょ》にいることもありました。

クズやフジに産卵《さんらん》し、秋《あき》にはクズの花《はな》で幼虫《ようちゅう》が見《み》つかります。体《からだ》は葉《は》っぱと同《おな》じ緑色《みどりいろ》か、花《はな》と同《おな》じ紫色《むらさきいろ》もいて、姿《すがた》はまるでウミウシのよう。さらに、驚《おどろ》かすとおしりの2本《ほん》の突起《とっき》から花火《はなび》みたいなのがシャッシャッと飛《と》び出《で》ます！僕《ぼく》は夏《なつ》は忙《いそが》しくてなかなか花火大会《はなびたいかい》に行《い》けませんので、この小《ちい》さな打《う》ち上《あ》げ花火《はなび》を毎年《まいとし》楽《たの》しみにしています。

旅《たび》する魅惑的《みわくてき》なチョウ。

アサギマダラ

＼アサギマダラ／

ショート動画《どうが》「飛《と》んでる」はこちらから！

日《に》本列島《ほんれっとう》を春《はる》に北上《ほくじょう》、秋《あき》に南下《なんか》する〝渡《わた》り蝶《ちょう》〟として有名《ゆうめい》。その距離《きょり》は、長《なが》いもので2000㎞を超《こ》えた記録《きろく》もあり、アサギマダラを捕《つか》まえて、採集日《さいしゅうび》、採集場所《さいしゅうばしょ》、採集者《さいしゅうしゃ》をはねに記入《きにゅう》して、また放《はな》すというマーキング調査《ちょうさ》が全国各地《ぜんこくかくち》で行《おこな》われています。

秋《あき》の七草《ななくさ》のひとつ、フジバカマにオスが特《とく》に誘引《ゆういん》されるので、当園《とうえん》でも植《う》えてみたところ、飛来《ひらい》してくれるようになりました。アサギマダラは体内《たいない》に毒《どく》があるためか、ヒトが近《ちか》づいてもあまり逃《に》げません。飛《と》ぶ時《とき》もかなり優雅《ゆうが》に

こんちゅうクンの豆知識《まめちしき》

大《おお》きさ：はねを広《ひろ》げると10cm、
幼虫《ようちゅう》は4cmぐらい
見《み》られる時期《じき》：春《はる》～秋《あき》
見《み》られる場所《ばしょ》：アザミ、フジバカマ、
ヒヨドリバナなど
：後《うし》ろばねに黒《くろ》いコゲあとみたいな模様《もよう》が入《はい》るのがオス。

ふわふわと飛《と》びます。下《した》から見上《みあ》げると、その姿《すがた》たるや、最高《さいこう》です。フジバカマを植《う》えると、ご家庭《かてい》の庭《にわ》にも飛《と》んで来《く》ることがありますので、ぜひお試《ため》しください。

アサギマダラは不思議《ふしぎ》な生態《せいたい》が多《おお》いのですが、そのひとつが「タオルキャッチ」。**白《しろ》いタオルをブンブン振《ふ》り回《まわ》すと近寄《ちかよ》ってくる**というのです！ 夏休《なつやす》みに長野県《ながのけん》のキャンプ場《じょう》で、このタオルキャッチを試《ため》したことがあります。自《みずか》らの汗《あせ》と何人《なんにん》かの視線《しせん》を集《あつ》めることには成功《せいこう》しましたが、…ダメでした。回《まわ》し方《かた》にコツがありそうです。

休《やす》み時間《じかん》②

【スラスラ言《い》えると気持《きも》ちいい虫《むし》の名前《なまえ》】

ニホンホホビロコメツキモドキ
ローゼンベルグオウゴンオニクワガタ
モーレンカンプオウゴンオニクワガタ
セイタカアワダチソウヒゲナガアブラムシ

さぁ、みんなも10回《かい》続《つづ》けて言《い》ってみよう。

3時間目《じかんめ》

ガのお話《はなし》

ガって人気《にんき》ないよね

「枯《か》れたチョウ」って
言《い》われたことあるよ…

過《か》保《ほ》護《ご》のカイコ。

カイコは5000年以上《ねんいじょう》も前《まえ》からヒトによって品種改良《ひんしゅかいりょう》されてきた家畜《かちく》昆虫《こんちゅう》。成虫《せいちゅう》も幼虫《ようちゅう》も真《ま》っ白《しろ》で、自然界《しぜんかい》ではすぐ敵《てき》に見《み》つかって食《た》べられてしまうし、幼虫《ようちゅう》をクワの葉《は》につけてもつかまることができずポロッと落《お》ちてしまって全然《ぜんぜん》生《い》きていけません。飼育時《しいくじ》もフタをしなくても逃《に》げないし、成虫《せいちゅう》も羽《は》ばたきまくるけど飛《と》べません。ヒトが育《そだ》ててあげないと生《い》きていけない、変《か》わった昆虫《こんちゅう》なのです。

なぜカイコが飼《か》われているかというと、新幹線《しんかんせん》に似《に》ていてカッコイイとか、成虫《せいちゅう》の顔《かお》がもふもふし

カイコガ

ショート動画《どうが》
「無心《むしん》で食《た》べる」・
「みんなで食《た》べる」は
こちらから！

＼カイコガ／

こんちゅうクンの豆知識《まめちしき》

大《おお》きさ：はねを広《ひろ》げると３～5cm、幼虫《ようちゅう》は５～8cm ぐらい
見《み》られる場所《ばしょ》：ヒトの家《いえ》
見《み》られる時期《じき》：初夏《しょか》～秋《あき》
まゆの糸《いと》の太《ふと》さ：３デニール
ひとつのまゆから取《と》れる絹糸《きぬいと》：1300m 以上《いじょう》（こんちゅうクン 767 人分《にんぶん》！）

：デニールとは糸《いと》の太《ふと》さを表《あら》わす単位《たんい》。(9000m の糸《いと》の重《おも》さが１g の時《とき》を１デニールと言《い》う)。おそらく女子《じょし》の冬《ふゆ》のマストアイテムであるタイツを買《か》う時《とき》くらいしか使《つか》わない単位《たんい》なので男子《だんし》は覚《おぼ》えなくてもいいです。僕《ぼく》は大学時代《だいがくじだい》に「タイツとストッキングとトレンカの違《ちが》い」について調《しら》べていた時《とき》に知《し》りました。

ていてカワイイからではありません。**幼虫《ようちゅう》がさなぎになる時《とき》につくる〝まゆ〟から、絹糸《きぬいと》（シルク）を取《と》るため**です。

かつて日本《にほん》ではこの養蚕業《ようさんぎょう》が盛《さか》んに行《おこな》われ、一般家庭《いっぱんかてい》にもカイコのためのクワ畑《ばたけ》があり、「お蚕様《かいこさま》」と呼《よ》ぶほど大事《だいじ》に育《そだ》てていました。

今《いま》ではあまり見《み》ることがないかもしれませんが、おじいちゃん、おばあちゃんに話《はなし》を聞《き》くと、「屋根裏《やねうら》部屋《べや》のカイコが葉《は》っぱをかじる音《おと》で眠《ねむ》れなかった」とか「クワの実《み》を食《た》べると服《ふく》が汚《よご》れて親《おや》に怒《おこ》られた」とか、色々《いろいろ》なカイコエピソードが聞《き》けるはずです。

幼虫《ようちゅう》はヤブガラシ枯《が》らし。

セスジスズメ

若齢幼虫《じゃくれいようちゅう》

終齢幼虫《しゅうれいようちゅう》

こんちゅうクンの豆知識《まめちしき》

大《おお》きさ：はねを広《ひろ》げると5～7cm、
幼虫《ようちゅう》は8cmぐらい

見《み》られる時期《じき》：初夏《しょか》～秋《あき》

見《み》られる場所《ばしょ》：ヤブガラシ、ホウセンカなど

：ヤブガラシは道端《みちばた》やフェンスなどに藪《やぶ》を枯《か》らすほどの勢《いきお》いで生《は》えてる植物《しょくぶつ》。

ショート動画《どうが》「道路横断虫《どうろおうだんちゅう》」はこちらから！

＼セスジスズメ／

飛《ひ》行機《こうき》のような形《かたち》のはねを持《も》ち、背中《せなか》に筋《すじ》が入《はい》っている茶色《ちゃいろ》いスズメガ。幼虫《ようちゅう》は、ホウセンカ、サツマイモ、ヤブガラシなど身近《みぢか》な植物《しょくぶつ》の葉《は》っぱを丸裸《まるはだか》にするほど食《た》べまくり、でかいイモムシへと成長《せいちょう》。

最初《さいしょ》は黒《くろ》い体《からだ》に黄色《きいろ》の目玉模様《めだまもよう》が並《なら》んだスマートなイモムシですが、大《おお》きくなると模様《もよう》が増《ふ》えます。**おしりにはピーンと立《た》ったアンテナのような角《つの》**（「尾角《びかく》」と言《い》います）がついており、**触《さわ》るとヒョコヒョコと前後《ぜんご》に動《うご》かします。**何《なん》のためにあるのか未《いま》だにわかっていませんが、見《み》てると癒《いや》される動《うご》きなので、一見《いっけん》の価値《かち》ありです。

クロメンガタスズメ

パイレーツ・オブ・ベジタリアン。

こんちゅうクンの豆知識《まめちしき》

大《おお》きさ：はねを広《ひろ》げると 10 ～ 12cm、幼虫《ようちゅう》は 8 ～ 9cm ぐらい

見《み》られる時期《じき》：春《はる》～秋《あき》　見《み》られる場所《ばしょ》：トマトやナスなどの畑《はたけ》　好《す》きな漫画《まんが》：『ONE PIECE《わんぴーす》』

好《す》きな映画《えいが》：『羊《ひつじ》たちの沈黙《ちんもく》』

アカデミー作品賞《さくひんしょう》を受賞《じゅしょう》しているとはいえ、猟奇的《りょうきてき》な殺人事件《さつじんじけん》を解決《かいけつ》していく内容《ないよう》なので小学生《しょうがくせい》にはオススメできませんが、ポスターや事件《じけん》の重要《じゅうよう》な手《て》がかりとしてドクロを背負《せお》うガが登場《とうじょう》します（ちなみに、このクロメンガタスズメではなくヨーロッパメンガタスズメらしいです）。

💡：元々《もともと》は九州《きゅうしゅう》から南側《みなみがわ》にしかいなかったのですが、2000 年以降《ねんいこう》、分布《ぶんぷ》を北《きた》へ広《ひろ》げていて、静岡県《しずおかけん》にも定着《ていちゃく》しています。

幼《よう》虫《ちゅう》は触《さわ》るのを躊躇《ちゅうちょ》するくらい、でかいイモムシ。緑《みどり》、黄《き》、茶《ちゃ》など色《いろ》のバリエーションも豊富《ほうふ》。おしりのしっぽ（尾角《びかく》）がひょろんと「?」マークみたいに曲《ま》がっているのが特徴《とくちょう》です。カチカチと音《おと》を立《た》てて威嚇《いかく》してくるのにも驚《おどろ》かされます。ナス科《か》など色々《いろいろ》な農作《のうさく》物《ぶつ》を食《た》べつくす害虫《がいちゅう》でもあります。

成虫《せいちゅう》もやっかい者《もの》で、ミツバチの巣《す》に侵入《しんにゅう》して蜂蜜《はちみつ》を奪《うば》うので、「蜂蜜泥棒《はちみつどろぼう》」という呼《よ》ばれ方《かた》も。一番《いちばん》の特徴《とくちょう》は背中《せなか》にあるドクロマーク。ドクロを背負《せお》っていますが毒《どく》はないので、きっと「信念《しんねん》」の象徴《しょうちょう》だと思《おも》います。

フクラスズメ

衝撃《しょうげき》のぶんぶん攻撃《こうげき》。

＼フクラスズメ／

ショート動画《どうが》「高速首振り《こうそくくびふ》」はこちらから！

こんちゅうクンの豆知識《まめちしき》

大《おお》きさ：4cm ぐらい
好《す》きな食《た》べ物《もの》：樹液《じゅえき》（幼虫《ようちゅう》はカラムシ、イラクサ）
見《み》られる時期《じき》：一年中《いちねんじゅう》
見《み》られる場所《ばしょ》：木《き》、建物《たてもの》のすきまなど
：寒《さむ》さで羽毛《うもう》を膨《ふく》らませてる冬《ふゆ》のスズメを「ふくら雀《すずめ》」といいます。

「スズメ」とつくけどスズメガ科《か》じゃなくてヤガ科《か》。まして**鳥《とり》のスズメでもありません**。でも名前《なまえ》の由来《ゆらい》は鳥《とり》のスズメらしい。たしかに見《み》た目《め》はスズメっぽい。夏《なつ》は樹《じゅ》液《えき》に集《あつ》まりますが、成虫《せいちゅう》で冬《ふゆ》を越《こ》すタイプなので真冬《まふゆ》でも会《あ》えます。当《とう》園《えん》では冬《ふゆ》に倉庫《そうこ》の扉《とびら》や門《もん》の隙間《すきま》から飛《と》び出《だ》してきて驚《おどろ》かされることも。

幼虫《ようちゅう》はカラムシやイラクサにつく派手《はで》なケムシで、さわって刺激《しげき》すると**首《くび》をぶんぶんとふり回《まわ》し、口《くち》から緑色《みどりいろ》の液体《えきたい》を吐《は》き出《だ》してきます**。衝撃《しょうげき》のリアクション！　毒《どく》はないので見《み》かけたら優《やさ》しくちょっかいを出してみてください。

ヒロヘリアオイラガ

きれいな虫《むし》には毒《どく》がある。

こんちゅうクンの豆知識《まめちしき》

大《おお》きさ：はねを広《ひろ》げると3cm、
幼虫《ようちゅう》は1.5cmぐらい
見《み》られる時期《じき》：夏《なつ》〜秋《あき》
見《み》られる場所《ばしょ》：サクラ、エノキ、クスノキなど色々《いろいろ》な木《き》に生息《せいそく》
：さなぎになる時《とき》は木《き》の幹《みき》に固《かた》くて丸《まる》いまゆをつくります。

黄《き》緑色《みどりいろ》に青《あお》いラインが美《うつく》しいのですが、イラガの仲間《なかま》の幼虫《ようちゅう》に刺《さ》されると電気《でんき》が走《はし》ったようにビリビリと痛《いた》みが走《はし》り、赤《あか》くなったりブツブツになったりします。夜《よる》にアオスジアゲハの幼虫《ようちゅう》のエサ用《よう》にクスノキの葉《は》を採取《さいしゅ》していたら、このヒロヘリアオイラガの幼虫《ようちゅう》に刺《さ》されました…。

別名《べつめい》は「デンキムシ」。他《ほか》にも地方《ちほう》によって「オコゼ」、「シナンタロウ」、「イラムシ」、「チンコロ」など色々《いろいろ》な呼《よ》ばれ方《かた》をしているそうです。一番《いちばん》のお気《き》に入《い》りは埼玉県《さいたまけん》の「ヒリヒリガンガン」。あなたの街《まち》では何《なん》と呼《よ》んでいますか？

ヤママユ

こんちゅうクンの豆知識《まめちしき》

大《おお》きさ：はねを広《ひろ》げると 11 ～ 15cm、
幼虫《ようちゅう》は6～7cm ぐらい

見《み》られる時期《じき》：初夏《しょか》～夏《なつ》

見《み》られる場所《ばしょ》：クヌギ、コナラの枝《えだ》

：ヤママユは「天蚕《てんさん》」と呼《よ》ばれ、カイコの仲間《なかま》。まゆひとつから採《と》れる糸《いと》はカイコよりも短《みじか》いが太《ふと》く、5デニール超《ご》え（P56·57 参照《さんしょう》）。

母性《ぼせい》をくすぐる？ 巨大《きょだい》グミ幼虫《ようちゅう》。

＼ヤママユ／

ショート動画《どうが》「ギュッ！」はこちらから！

は**ねに目玉模様《めだまもよう》**のある大《おお》きなガ。10㎝以上《いじょう》とかなり大《おお》きいので、夜外灯《よるがいとう》の明《あ》かりにバサバサと飛《と》んで来《く》るだけでもビビります。地面《じめん》に止《と》まっているので「死《し》んでるのか」と思《おも》ってつかむと、鱗粉《りんぷん》をまき散《ち》らしながら暴《あば》れられるパターンもビビります。

幼虫《ようちゅう》も当然大《とうぜんおお》きいです。葉《は》っぱと同《おな》じ透明感《とうめいかん》のある緑色《みどりいろ》はおいしそうなグミみたい。手《て》に乗《の》せると後《うし》ろの10本《ぽん》あしで指《ゆび》をギュッとつかんでくれて、**なんとも言《い》えない愛《いと》おしい感《かん》じ**になります。ヒトの赤《あか》ちゃんに指《ゆび》を握《にぎ》られた時《とき》と、**ほぼ同《おな》じ感覚《かんかく》です。**

毒々《どくどく》しい幼虫《ようちゅう》の集団《しゅうだん》

チャドクガ

生涯毒身《しょうがいどくしん》。

こんちゅうクンの豆知識《まめちしき》

大《おお》きさ：はねを広《ひろ》げると 3cm、幼虫《ようちゅう》は 3cm ぐらい

見《み》られる時期《じき》：初夏《しょか》と秋《あき》　見《み》られる場所《ばしょ》：サザンカ、ツバキ

：もしも刺《さ》されてしまったら…

こすったりせずにガムテープで毒針毛《どくしんもう》を取《と》り除《のぞ》き、水《みず》で洗《あら》い流《なが》し、抗《こう》ヒスタミン剤《さい》（かゆみ止《ど》め）を塗《ぬ》る。症状《しょうじょう》がひどい場合《ばあい》は病院《びょういん》へ行《い》ってください。

幼《よう》虫《ちゅう》はサザンカやツバキに生息《せいそく》し、「触《さわ》ったらヤバイな」という感《かん》じの姿《すがた》です。体《からだ》に毒針毛《どくしんもう》という毒《どく》のある小《ちい》さな毛《け》（約《やく》0.1㎜）が生《は》えており、大《おお》きくなるにつれて数《かず》が増加《ぞうか》。**最終的《さいしゅうてき》にはなんと、50万本以上《まんぼんいじょう》**にも。毒針毛《どくしんもう》はとても抜《ぬ》けやすく、**風下《かざしも》に立《た》っただけで、飛《と》んで来《き》た毒針《どくしん》毛《もう》に刺《さ》されることがある**のです。

毒針毛《どくしんもう》をつくるのは幼虫《ようちゅう》だけですが、さなぎになる時《とき》にはまゆに毒針毛《どくしんもう》をつけ、成虫《せいちゅう》になる時《とき》にもそれを引《ひ》き継《つ》ぎ、さらに卵《たまご》を産《う》む時《とき》も卵《たまご》に毒針毛《どくしんもう》をくっつけます。**一生毒《いっしょうどく》と共《とも》に生《い》きているのです**（オスの成虫《せいちゅう》は毒針毛《どくしんもう》がないとも言《い》われています）。

休《やす》み時間《じかん》 ③

オムシJAPAN《ジャパン》

～昆虫《こんちゅう》でサッカーをやったらこのメンバーが最強《さいきょう》だ！～

「絶対《ぜったい》に負《ま》けられない虫達《むしたち》がここにいる。」by こんちゅうクン

現代《げんだい》サッカーでは珍《めずら》しくスイーパーシステム（1-3-4-2）を採用《さいよう》。オフサイドとる気《き》なし。スイーパーにアリジゴクを置《お》くことで、ペナルティエリアに近《ちか》づく相手《あいて》をすべて吸《す》い込《こ》む作戦《さくせん》。中盤《ちゅうばん》はダイヤモンド。セイヨウミツバチの卓越《たくえつ》したスタミナと運動量《うんどうりょう》が、ワンボランチでも全《まった》く問題《もんだい》ない安定《あんてい》した守備力《しゅびりょく》を生《う》み出《だ》している。

【メンバー紹介《しょうかい》】

【控《ひか》え選手《せんしゅ》】

オオスズメバチ

ナナフシモドキ

「オフサイド知《し》らず」FW ケラ

相手《あいて》の最終《さいしゅう》ライン裏《うら》の地中《ちちゅう》で待機《たいき》。地中《ちちゅう》でパスを受《う》けると地上《ちじょう》へ飛《と》び出《だ》して確実《かくじつ》にGKと1対《たい》1の場面《ばめん》を作《つく》り出《だ》す。ラインズマンも対応《たいおう》できず。

「高速首《こうそくくび》ふりヘッド」FW フクラスズメ（幼虫《ようちゅう》）

敵《てき》に触《ふ》れられると一心不乱《いっしんふらん》に首《くび》を振《ふ》りまくり、そのスピードはピカイチ。センタリングに上手《うま》く合《あ》わせることができれば一撃必殺《いちげきひっさつ》のヘディングシュートとなる（タイミングがずれると自陣深《じじんふか》くまでボールがクリアされることも）。

「キングカブ」MF カブトムシ

実力《じつりょく》・人気共《にんきとも》にナンバーワンを誇《ほこ》るレフティ・インセクト。ドリブル、パス、シュートいずれも精度《せいど》が高《たか》く、パワーと繊細《せんさい》さを兼《か》ね揃《そな》えた頼《たの》もしいキャプテン。

「漆黒のオールラウンダー」MF クロゴキブリ

スピード、テクニック、スタミナどれをとっても超昆虫級《ちょうこんちゅうきゅう》。どこで使《つか》っても結果《けっか》を出《だ》せる頼《たの》もしいユーティリティプレーヤー。

「遅咲きのスピードスター」MF オニヤンマ

下積《したづ》み時代《じだい》（幼虫時代《ようちゅうじだい》）4年《ねん》。なかなか結果《けっか》が出《だ》せず苦《くる》しんだ時期《じき》は長《なが》いが、その才能《さいのう》が羽化《うか》した今《いま》、時速《じそく》80kmを超《こ》えるスピードでサイドを飛《と》び上《あ》がる。

「中盤《ちゅうばん》を制《せい》す働《はたら》き者《もの》」MF セイヨウミツバチ

無尽蔵《むじんぞう》のスタミナで中盤《ちゅうばん》を飛《と》び回《まわ》り、ボールをかき集《あつ》める。ワンボランチでもその守備範囲《しゅびはんい》は2匹《ひき》分以上《ぶんいじょう》。帰化選手《きかせんしゅ》。

「100万本《まんぼん》の毒針毛《どくしんもう》」DF チャドクガ（幼虫《ようちゅう》）

触《ふ》れずとも風上《かざかみ》から毒針毛《どくしんもう》を飛散《ひさん》させ、周囲《しゅうい》の敵《てき》にダメージを与《あた》える。完全《かんぜん》にノーファウル。

「ビリビリ攻撃《こうげき》は最大《さいだい》の防御《ぼうぎょ》」DF イラガ（幼虫《ようちゅう》）

密着《みっちゃく》マークでさりげなく相手《あいて》に触《ふ》れ、毒《どく》の棘《とげ》を差《さ》し込《こ》む。ノーモーションで繰《く》り出《だ》せる必殺技《ひっさつわざ》はギリギリノーファウル。なんなら急《きゅう》に痛《いた》がる相手《あいて》にシミュレーションのイエローカードが出《で》る場面《ばめん》も。

「悪臭《あくしゅう》のファンタジスタ」DF チャバネアオカメムシ

両《りょう》サイドの毒《どく》を避《さ》けて中央突破《ちゅうおうとっぱ》を狙《ねら》う相手《あいて》FWをくさい臭《にお》いで撃退《げきたい》。フラフラさせることによりアリジゴクへ落《お》ちやすくなる連携《れんけい》プレーも（ナイターゲームでは強《つよ》い光《ひかり》の方《ほう》へすぐ飛《と》んで行《い》っちゃって使《つか》えず）。

「地獄《じごく》の落《お》とし穴《あな》」DF アリジゴク（ウスバカゲロウ幼虫《ようちゅう》）

すり鉢上《ばちじょう》の落《お》とし穴《あな》をペナルティエリア付近《ふきん》につくり出《だ》し、相手《あいて》もろともボールを吸《す》い込《こ》む。吸《す》い込《こ》んだボールは地中《ちちゅう》を潜《もぐ》りながら前線《ぜんせん》へ運《はこ》び、同《おな》じく地中《ちちゅう》で待機《たいき》するケラへラストパス。チーム戦術《せんじゅつ》の要《かなめ》。

「昆虫界《こんちゅうかい》のSGGK」GK オオカマキリ

愛称《あいしょう》カマック。脅威《きょうい》の瞬発力《しゅんぱつりょく》で、どんなボールも両手《りょうて》でキャッチ。その間《かん》わずか0.2秒《びょう》。キャッチ後《ご》にボールに噛《か》みつくパフォーマンスも人気《にんき》。

「中盤《ちゅうばん》の殺《ころ》し屋《や》」MF オオスズメバチ

圧倒的《あっとうてき》な攻撃力《こうげきりょく》を持《も》つが、セイヨウミツバチとの相性《あいしょう》が悪《わる》く（ひどいときはミツバチを殺《ころ》しちゃう）共存不可《きょうぞんふか》。ラフプレーも目立《めだ》つので途中出場《とちゅうしゅつじょう》にならざるを得《え》ない。

「ゴールポストモドキ」FW ナナフシモドキ

ゴールポストに擬態《ぎたい》し、セットプレーで完全《かんぜん》に相手《あいて》のマークから逃《のが》れることができる。終盤《しゅうばん》のパワープレーで絶大《ぜつだい》なる信頼《しんらい》を得《え》ている。

4時間目《じかんめ》

トンボのお話《はなし》

ギンヤンマ

ギン色《いろ》の部分《ぶぶん》は
ごくわずか。

こんちゅうクンの豆知識《まめちしき》

大《おお》きさ：6.5～8cmぐらい
見《み》られる場所《ばしょ》：池《いけ》の近《ちか》く
見《み》られる時期《じき》：初夏《しょか》～夏《なつ》
：ヤゴ（トンボの幼虫《ようちゅう》）は「ヤンマの子《こ》」という意味《いみ》。
ちなみに静岡県《しずおかけん》にある浜名湖《はまなこ》は元々淡水《もともとたんすい》の湖《みずうみ》だったのが海《うみ》とつながって、汽水湖《きすいこ》になりました。河川法上《かせんほうじょう》は海《うみ》でも湖《みずうみ》でもなく川《かわ》（都田川《みやこだがわ》の河口《かこう》）らしいです。

池《いけ》の上《うえ》をぐるぐる飛《と》び回《まわ》る大型《おおがた》のトンボ。オスはメスを見《み》つけると猛《もう》アタックを仕掛《しか》け、無事連結交尾《ぶじれんけつこうび》をすると、つながったまま水面《すいめん》に浮《う》いた水草《みずくさ》などにメスが産卵《さんらん》。オスはおしりでメスの首根《くびね》っこを捕《つか》まえて、離《はな》さないまま移動《いどう》します。

さて、黄緑色《きみどりいろ》をしたギンヤンマ。一体《いったい》どこがギンなのでしょう？オスの胸《むね》にはおしゃれな水色《みずいろ》の差《さ》し色《いろ》が入《はい》るなど、オスとメスで多少《たしょう》の色《いろ》の違《ちが》いはあれど、全体的《ぜんたいてき》に黄緑色《きみどりいろ》。なのに〝ギン〟ヤンマ。僕《ぼく》もガイド中《ちゅう》、「あの黄緑色《きみどりいろ》のがギンヤン

マです」と説明《せつめい》しますが、意外《いがい》と誰《だれ》も不思議《ふしぎ》に思《おも》わないようです。実《じつ》はよく見《み》ると、銀色《ぎんいろ》あります。胸《むね》と腹《はら》の真《ま》ん中《なか》あたり。黄緑《きみどり》と黒《くろ》の間《あいだ》に若干《じゃっかん》の銀《ぎん》。オスで言《い》うとおしゃれな水色《みずいろ》のすぐ脇《わき》に若干《じゃっかん》の銀《ぎん》。「えっ、そこ!?」ってなるくらい若干《じゃっかん》の、銀《ぎん》。ミドリヤンマでもよかったんじゃないかと思《おも》うかもしれませんが、ギンヤンマと呼《よ》ばれて久《ひさ》しいので、あまり気《き》にしないこと。静岡県西部《しずおかけんせいぶ》に位置《いち》する浜名湖《はまなこ》も海《うみ》なのに湖《みずうみ》…。だけど、もはや静岡県民《しずおかけんみん》は誰《だれ》も不思議《ふしぎ》に思《おも》わないですよね? そういうことです。

オニヤンマ

オニ
＼ヤンマ／

ショート動画《どうが》
「ヤゴのお食事《しょくじ》シーン」は
こちらから！

下積《したづ》み時代《じだい》が長《なが》い
トンボ界《かい》の王様《おうさま》。

こんちゅうクンの豆知識《まめちしき》

大《おお》きさ：8～11cm ぐらい
見《み》られる時期《じき》：初夏《しょか》～夏《なつ》
見《み》られる場所《ばしょ》：小川《おがわ》、森《もり》
：体《からだ》が鬼《おに》のパンツ柄《がら》だから
「オニ」ヤンマ（諸説《しょせつ》あり）。

王子《おうじ》のころ

日《に》本最大《ほんさいだい》のトンボ。山《やま》あいを結構《けっこう》なスピードで飛《と》び、その速《はや》さは時速《じそく》80 kmにまで及《およ》ぶとも言《い》われています。ただし、速《はや》いけど、同《おな》じ場所《ばしょ》をぐるぐると周《まわ》りながらスイーっとまっすぐ飛《と》ぶので、飛行《ひこう》コースさえ見極《みきわ》めれば捕《と》ることも可能《かのう》です。（虫取《むしと》り網《あみ》は必須《ひっす》）。

オニヤンマは夏休《なつやす》みの頃《ころ》によく飛《と》び、流《なが》れのある浅《あさ》い小川《おがわ》に産卵《さんらん》します。当園《とうえん》でも、小川《おがわ》を網《あみ》ですくえば幼虫《ようちゅう》（ヤゴ）が捕《と》れます。幼虫期間《ようちゅうきかん》はなんと3～4年《ねん》。外《そと》で飛《と》んでいるオニヤンマは幼稚園《ようちえん》で言《い》うと年少《ねんしょう》さんと同《おな》い年《どし》ぐらいってことになります。

こんちゅうクンの豆知識《まめちしき》

大《おお》きさ：5～6cmぐらい　見《み》られる時期《じき》：初夏《しょか》～秋《あき》

見《み》られる場所《ばしょ》：池《いけ》や田《た》んぼ、草《くさ》むらなど

：オスは塩《しお》が吹《ふ》き出《で》てくるような水色《みずいろ》の体《からだ》になるので、この名前《なまえ》に。一方《いっぽう》メスは茶色《ちゃいろ》で、別名《べつめい》「ムギワラトンボ」と言《い》われています。トンボではよくある話《はなし》なのですが、オスとメスで色《いろ》が違《ちが》うし、羽化《うか》したてのトンボはまだ色《いろ》がはっきりついていないので、色《いろ》では見分《みわ》けがつかないのです。観察《かんさつ》するときは注意《ちゅうい》して見《み》てね。

オスはストーカー野郎《やろう》。

シオカラトンボ
ストーキング中《ちゅう》
シオカラトンボ
ショート動画
「オスしつこい」は
こちらから！

シオカラトンボは打水産卵《だすいさんらん》と言《い》って、飛《と》びながらおしりの先《さき》を水面《すいめん》に打《う》ちつけるように卵《たまご》を産《う》みます。その際《さい》、よく見《み》ているとメスの後《うし》ろに一定《いってい》の距離《きょり》でずーっとくっついて飛《と》ぶ、もう1匹《ぴき》のトンボが…。そう、オスです！

ちょんちょんと産卵《さんらん》するメスを真後《まうし》ろでじーっと見続《みつづ》ける。メスが移動《いどう》すればその後《あと》をピッタリとマークする。かなり速《はや》く移動《いどう》しても離《はな》さない！　他《ほか》のオスから守《まも》っているとはいえ、産卵《さんらん》する側《がわ》の気持《きも》ちを考《かんが》えると、もうちょっとそっとしておいてほしいと、見《み》ていて思《おも》うのでした。

あきるほど見《み》たい。

アキアカネ

こんちゅうクンの豆知識《まめちしき》

大《おお》きさ：4cm ぐらい　見《み》られる時期《じき》：秋《あき》（山《やま》では夏《なつ》）　見《み》られる場所《ばしょ》：池《いけ》や田《た》んぼ

：移動距離《いどうきょり》は 100km を超《こ》えることも。

「赤《あか》とんぼ」の代表的《だいひょうてき》な存在《そんざい》。平地《へいち》の池《いけ》や田《た》んぼで育《そだ》ったヤゴ（幼虫《ようちゅう》）が初夏《しょか》に羽化《うか》して成虫《せいちゅう》になると、すぐに山《やま》に移動《いどう》して夏《なつ》の間《あいだ》は平地《へいち》から姿《すがた》を消《け》します。そして、**秋《あき》になると再《ふたた》び平地《へいち》に戻《もど》ってきて**よく見《み》るように。この時期《じき》に産《う》み落《お》とされた卵《たまご》の状態《じょうたい》で冬《ふゆ》を越《こ》します。

身近《みぢか》なところでよく見《み》るトンボでしたが、近年《きんねん》は農薬《のうやく》の影響《えいきょう》などもあって**全国各地《ぜんこくかくち》で激減《げきげん》**。童謡《どうよう》『赤《あか》とんぼ』では「負《お》われて見《み》たのはいつの日《ひ》か」と子《こ》どものころに見《み》た赤《あか》とんぼをなつかしんでいますが、今《いま》の子《こ》どもたちは共感《きょうかん》できるのか心配《しんぱい》です。

ベッコウトンボ

磐田市《いわたし》を象徴《しょうちょう》するトンボ。

こんちゅうクンの豆知識《まめちしき》

大《おお》きさ：4cmぐらい

見《み》られる時期《じき》：４～６月《がつ》

見《み》られる場所《ばしょ》：ヨシやガマのある池《いけ》、湿地《しっち》

：磐田消防《いわたしょうぼう》にべっくんというゆるキャラが存在《そんざい》するのを知《し》っていますか？ お気《き》づきの通《とお》り、磐田《いわた》の象徴《しょうちょう》ベッコウトンボがモデルとなっており、首《くび》から下《した》はちゃんとしたヒトの姿《すがた》をしています。防災服《ぼうさいふく》も着用《ちゃくよう》。緊急時《きんきゅうじ》に動《うご》きやすいようにとのことですが、本当《ほんとう》に緊急《きんきゅう》の場合《ばあい》は頭部《とうぶ》もヒトになって出動《しゅつどう》するのでありましょう。がんばれ、べっくん！ ヒトとキャラの狭間《はさま》なこんちゅうクンには、共感度《きょうかんど》の高《たか》いキャラクターです。

サッカーとトンボの町《まち》として知《し》られている静岡県磐田《しずおかけんいわた》市《し》。Jリーグ・ジュビロ磐田《いわた》のホームタウンであり、絶滅危惧種《ぜつめつきぐしゅ》・ベッコウトンボの**国内最東端《こくないさいとうたん》の希《き》少《しょう》な生息地《せいそくち》、桶ヶ谷沼《おけがやぬま》**がある町《まち》でもあります。

ベッコウトンボは、種《しゅ》の保存《ほぞん》法《ほう》で国内希少野生動植物種《こくないきしょうやせいどうしょくぶつしゅ》に指定《してい》され、捕獲《ほかく》などが禁止《きんし》されています。毎年春《まいとしはる》になると**個体数調査《こたいすうちょうさ》**が行《おこな》われ、地域《ちいき》の保全団体《ほぜんだんたい》や、桶ヶ谷沼《おけがやぬま》ビジターセンターが、大切《たいせつ》に見守《みまも》っています。磐田《いわた》に来《き》たら見《み》てほしい昆虫《こんちゅう》です。

給食《きゅうしょく》の時間《じかん》 昆虫《こんちゅう》いただきま～す

昆虫食《こんちゅうしょく》の魅力《みりょく》

近年《きんねん》、世界的《せかいてき》に関心《かんしん》が高《たか》まっている昆虫食《こんちゅうしょく》。身近《みぢか》な昆虫《こんちゅう》を捕《と》って、調理《ちょうり》して、食《た》べるというのは、昆虫採集《こんちゅうさいしゅう》というアクティブな活動《かつどう》、調理実習《ちょうりじっしゅう》、昆虫《こんちゅう》の新《あら》たな一面《いちめん》を知《し》る学習《がくしゅう》など様々《さまざま》な魅力《みりょく》が詰《つ》まった体験《たいけん》になります。体育《たいいく》と家庭科《かていか》と理科《りか》を一緒《いっしょ》にやるような。いきなり自分《じぶん》でやってみるのは難《むずか》しいと思《おも》いますが、イベントやレシピ本《ぼん》を活用《かつよう》し、まずはセミあたりから始《はじ》めてみるのがオススメです。

①カミキリムシ幼虫《ようちゅう》の照《て》り焼《や》き

カミキリムシの幼虫《ようちゅう》は昆虫食《こんちゅうしょく》の中《なか》では一番《いちばん》おいしいと言《い》われている鉄板食材《てっぱんしょくざい》。皮《かわ》を破《やぶ》るとトロのようなやわらかい食感《しょっかん》が口《くち》に広《ひろ》がり、味付《あじつ》けに頼《たよ》らない食材《しょくざい》の旨味《うまみ》がやみつきになります。単純《たんじゅん》に塩《しお》コショウで炒《いた》めるだけでもGOOD！

②セミの素揚《すあ》げ&唐揚《からあ》げ&セミマヨ

セミをまるっと揚《あ》げます。サクサクとした食感《しょっかん》とエビに似《に》て非《ひ》なるおいしさは必《かなら》ずビールが欲《ほ》しくなる！（大人《おとな》の方限定《かたげんてい》）。特《とく》にセミマヨはメインのおかずとしての役割《やくわり》を十分《じゅうぶん》果《は》たせるほどのうまさ。白《しろ》いごはんと共《とも》にどうぞ。

③トノサマバッタのフライ

ゆでるだけでエビと同《おな》じように赤《あか》みを帯《お》び、キッチンに食欲《しょくよく》をそそるいい匂《にお》いが広《ひろ》がります。跳《と》ぶために発達《はったつ》した後《うし》ろあしは歯《は》にはさまりやすい反面《はんめん》、おいしい筋肉《きんにく》が詰《つ》まっているので、できればそのまま味《あじ》わっていただきたいところです。

④おダンゴチョコムーシ

ダンゴムシを素揚《すあ》げにし、チョコムースの上《うえ》にふりかけて一緒《いっしょ》にいただきます。ダンゴムシはほのかに魚介《ぎょかい》の香《かお》りがする程度《ていど》ですが、ムースの甘《あま》みと柔《やわ》らかな食感《しょっかん》に対《たい》して絶妙《ぜつみょう》なアクセントをもたらし、飽《あ》きることなく完食《かんしょく》へと誘《いざな》う名脇役《めいわきやく》としての存在感《そんざいかん》を発揮《はっき》します。ココアパウダーによって実際《じっさい》のダンゴムシが土《つち》にまみれてる感《かん》も出《で》ています。

⚠ **注意事項《ちゅういじこう》**

※生《なま》では食《た》べないようにしてください。※甲殻類《こうかくるい》アレルギーをお持《も》ちの方《かた》は昆虫《こんちゅう》でもアレルギーが出《で》る可能性《かのうせい》があります。
※こんちゅうクンは料理《りょうり》が全《まった》くできません。料理《りょうり》はすべて専属《せんぞく》シェフ（妻《つま》）によるものです。

5時間目《じかんめ》

バッタ・キリギリス・コオロギのお話《はなし》

ばったり会《あ》ったね
ぎりぎりっす
おむすび こおろぎん
すっとんとん♪

トノサマバッタ

こんちゅうクンの豆知識《まめちしき》

大《おお》きさ：3.5～6.5cmぐらい
見《み》られる時期《じき》：初夏《しょか》～秋《あき》
見《み》られる場所《ばしょ》：河川敷《かせんしき》、荒《あ》れ地《ち》、草《くさ》むら
：後《うし》ろあしとはねをこすり合《あ》わせて鳴《な》きます。

河《か》川敷《せんしき》や荒《あ》れ地《ち》、草《くさ》むらで見《み》ることができる大《おお》きなバッタ。人《ひと》の気配《けはい》に敏感《びんかん》で、近《ちか》づくとジャンプしてそのまま10m以上飛《いじょうと》んで行《い》くことも多《おお》く、ゆっくり観察《かんさつ》するのも一苦労《ひとくろう》です。

僕《ぼく》が捕《つか》まえる時《とき》は、虫取《むしと》り網《あみ》を構《かま》えて草《くさ》むらを歩《ある》き、トノサマバッタが飛《と》んだ瞬間《しゅんかん》に猛《もう》ダッシュで追《お》いかけ、着地《ちゃくち》と同時《どうじ》に網《あみ》をかぶせるようにして捕《つか》まえます。跳《と》ばさないとなかなか彼《かれ》らの居場所《いばしょ》がわからないですし、着地《ちゃくち》から2度目《どめ》のジャンプまでに生《う》まれる若干《じゃっかん》のタイムラグが

捕《と》ってたのしい！ 食《た》べておいしい！！

確保《かくほ》の狙《ねら》い目《め》になります。さらりとお伝《つた》えしましたが、けっこう大変《たいへん》なので頑張《がんば》ってみてください（というか、もっと楽《らく》な方法《ほうほう》があったら教《おし》えてください）。

ちなみに僕《ぼく》の捕獲目的《ほかくもくてき》は「調理《ちょうり》・食事《しょくじ》」であることもあり、フライにしていただきます。ジューシーさと食《た》べごたえを兼《か》ね備《そな》えた、すばらしい食材《しょくざい》です。

前《まえ》に一度《いちど》、とあるカフェで昆虫食《こんちゅうしょく》のイベントを行《おこな》った際《さい》に『トノサマバッタのフライ』を提供《ていきょう》したことがありますが、皆《みな》さん「おいしい！」と好評《こうひょう》でした。

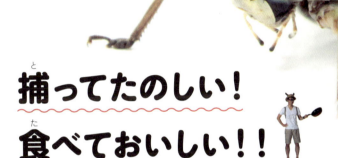

ショウリョウバッタ

ショウリョウバッタ

ショート動画《どうが》
「飛《と》び立《た》つ(スロー)」
「バインバイン」は
こちらから!

やみつきになる、コメツキの動《うご》き。

こんちゅうクンの豆知識《まめちしき》

大《おお》きさ:4～8cmぐらい　見《み》られる場所《ばしょ》:草《くさ》むら

見《み》られる時期《じき》:夏《なつ》～秋《あき》

:コメツキたい時《とき》は、片《かた》あしだけ持《も》っちゃうとバッタが自分《じぶん》であしを切《き》って逃《に》げようとしますので気《き》をつけてください。ちなみにカエルでもできるかなーとアマガエルでやってみたら、ただただダラーンと垂《た》れ下《さ》がってかわいそうな感《かん》じになりました。覚悟《かくご》してやってみてください。

「同《おな》じ種類《しゅるい》なの?」ってくらいオスとメスで体《からだ》の大《おお》きさが違《ちが》い、**メスの方《ほう》がかなりでかい**。オスは跳《と》ぶ時《とき》に「チキチキ」と音《おと》を立《た》てながら跳《と》ぶので**〝チキチキバッタ〟**と呼《よ》ばれ、メスは長《なが》い後《うし》ろあしをそろえて持《も》つと体《からだ》を上下《じょうげ》に動《うご》かし、その動《うご》きが昔《むかし》のお米《こめ》をつく機械《きかい》に似《に》ているので**〝コメツキバッタ〟**とも呼《よ》ばれます。

この〝コメツキ〟の動《うご》き、オスもやるけど小《ちい》さくてやりごたえがありません。**やるときはぜひ大《おお》きいメスで**。やみつきになります。

引《ひ》っ込《こ》み思案《じあん》で出会《であ》い少《すく》なめ。

オンブバッタ

こんちゅうクンの豆知識《まめちしき》

大《おお》きさ：2～4cmぐらい
見《み》られる場所《ばしょ》：草《くさ》むら、畑《はたけ》
見《み》られる時期《じき》：夏《なつ》～秋《あき》
好《す》きな食《た》べ物《もの》：葉《は》っぱ（丸《まる》い葉《は》っぱの方《ほう》が好《す》き）

：勘違《かんちが》いされがちですが、お母《かあ》さんが子《こ》どもをオンブしているわけではなく、お母《かあ》さんがお父《とう》さんをオンブしています。親子《おやこ》ではなく、夫婦《ふうふ》です。異性《いせい》に対《たい》する積極性《せっきょくせい》は見習《みなら》いたいですし、ある意味一途《いみいちず》で尊敬《そんけい》しています。でもなぜかうんこを蹴《け》って遠《とお》くに飛《と》ばすクセがあるのは見習《みなら》いたくないですし、尊敬《そんけい》していません。

他《ほか》のバッタに比《くら》べあまり跳《と》ばず、畑《はたけ》や草《くさ》むらの葉《は》っぱの上《うえ》でじっとしています。そんな引《ひ》っ込《こ》み思案《じあん》な性格《せいかく》のためか、異性《いせい》との出会《であ》いもやはり少《すく》ないようで、オスはメスを見《み》つけると交尾準備《こうびじゅんび》が整《ととの》っていないメスだろうと、おかまいなしに背中《せなか》に乗《の》って嫁確《よめかく》保《ほ》！　貴重《きちょう》なメスとの出会《であ》いを確実《かくじつ》にモノにするために予約《よやく》をするみたいです。

無事交尾《ぶじこうび》を済《す》ませた後《あと》も、他《ほか》のオスに奪《うば》われてなるものかと背中《せなか》に乗《の》り続《つづ》けます。結果《けっか》、オンブ時間《じかん》が長《なが》くなり「オンブバッタ」と名乗《なの》るまでにいたりました。

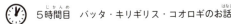

昔《むかし》は貴重《きちょう》なタンパク源《げん》。

こんちゅうクンの豆知識《まめちしき》

大《おお》きさ：2～4cmぐらい
見《み》られる時期《じき》：夏《なつ》～秋《あき》
見《み》られる場所《ばしょ》：草《くさ》むら、田《た》んぼ
：はねが長《なが》いハネナガイナゴというのもいますが、コバネイナゴははねがおしりの先《さき》より長《なが》くなりません。ただ、たまに“はねの長《なが》いコバネイナゴ”も出《で》るらしい！

コバネイナゴ

草《くさ》むらでよく見《み》るバッタ。多《おお》い場所《ばしょ》では一歩進《いっぽすす》むごとに5、6匹《ぴき》が「ぴょん！…ガサッ」と跳《は》ねまくります。**昔《むかし》は貴重《きちょう》なタンパク源《げん》**として全国的《ぜんこくてき》に食《た》べられていました。イナゴが大発生《だいはっせい》した1974年《ねん》、宮城県《みやぎけん》の中学校《ちゅうがっこう》で2日間《かかん》イナゴ捕《と》り競争《きょうそう》を行《おこな》ったところ、全校《ぜんこう》でなんと3tものイナゴが捕《と》れ、それを売《う》った収入《しゅうにゅう》は280万《まん》4千円《せんえん》にもなったという記録《きろく》があります。**どんだけイナゴたくさんいたんだよ！**　しかもバカ売《う》れ！　今《いま》もたくさんいますが、昔《むかし》に比《くら》べるととても少《すく》ないようです。イナゴだけの話《はなし》ではないんですけどね。

ツチイナゴ

冬《ふゆ》を生《い》き抜《ぬ》く“泣《な》き虫《むし》”。

幼虫時代《ようちゅうじだい》

成虫時代《せいちゅうじだい》

こんちゅうクンの豆知識《まめちしき》

大《おお》きさ：5～7cmぐらい

見《み》られる時期《じき》：初夏《しょか》、秋《あき》～春《はる》

見《み》られる場所《ばしょ》：草《くさ》むら、クズ、ハギなど

：冬《ふゆ》はほとんど動《うご》かないので、見《み》つけるのは大変《たいへん》。

バッタの成虫《せいちゅう》は緑《みどり》と茶色《ちゃいろ》の2色展開《しょくてんかい》が多《おお》いのですが、**ツチイナゴは土色《つちいろ》（茶色《ちゃいろ》）1パターンのみ。**成虫越冬《せいちゅうえっとう》タイプで、冬《ふゆ》に死《し》なずに翌春《よくしゅん》まで生《い》き延《の》びます。他《ほか》のバッタと生活《せいかつ》サイクルがずれているんです。なので、緑《みどり》の多《おお》い夏《なつ》を過《す》ごす幼虫時代《ようちゅうじだい》のほとんどは緑色《みどりいろ》、そして枯《か》れ草《くさ》の多《おお》い冬《ふゆ》を越《こ》える成虫時代《せいちゅうじだい》は茶色《ちゃいろ》と、ちゃんと敵《てき》に見《み》つかりにくいようになっています。**涙《なみだ》を流《なが》しているような目《め》の下《した》の模様《もよう》がトレードマーク。**号泣《ごうきゅう》しているように見《み》えますが、決《けっ》して悲《かな》しいわけではないはずです。

キリギリス（ヒガシキリギリス）

ザ・キリギリス。

こんちゅうクンの豆知識《まめちしき》

大《おお》きさ：3～4cmぐらい
見《み》られる場所《ばしょ》：草《くさ》むら
見《み》られる時期《じき》：初夏《しょか》～夏《なつ》
好《す》きな食《た》べ物《もの》：イモムシ、コオロギ、バッタなど

：イソップ童話《どうわ》『アリとキリギリス』へ一言《ひとこと》（三言《みこと》？）

①日本《にほん》のほとんどのアリは冬《ふゆ》に備《そな》えてエサを蓄《たくわ》えません。冬《ふゆ》はじっとしてます。

②でもクロナガアリというアリはちゃんと秋《あき》にエサを蓄《たくわ》え、それを食《た》べて冬《ふゆ》を越《こ》します。

③元々《もともと》は「アリとセミ」だったそうです。セミも夏《なつ》に歌《うた》って過《す》ごしていますね。

元《もと》々《もと》はキリギリスという1種《しゅ》でしたが、現在《げんざい》ではニシキリギリスとヒガシキリギリスに分《わ》けられています。**静岡《しずおか》はヒガシキリギリスの分布域《ぶんぷいき》。**夏《なつ》に草《くさ》むらで「ギー、チョン!」と鳴《な》きます。

イソップ童話《どうわ》の『アリとキリギリス』では、夏《なつ》に歌《うた》って過《す》ごしていたために、冬《ふゆ》に食《た》べ物《もの》がなくなり死《し》んでしまいます。アリのように「将来《しょうらい》に向《む》けて準備《じゅんび》をしなくちゃ」という教訓《きょうくん》は大事《だいじ》ですが、**実際《じっさい》のキリギリスはちゃんと将来《しょうらい》のために子《こ》どもを残《のこ》してから死《し》んでいきます。**虫《むし》それぞれの生《い》き方《かた》があるんです。

クビキリギス

クビキリギリスって言《い》わないで！

ピンク ver.

緑《みどり》 ver.

茶色《ちゃいろ》 ver.

こんちゅうクン ver.

＼クビキリギス／

ショート動画《どうが》「鳴《な》く」はこちらから！

こんちゅうクンの豆知識《まめちしき》

大《おお》きさ：5～6cm ぐらい

見《み》られる時期《じき》：夏《なつ》～春《はる》

見《み》られる場所《ばしょ》：草《くさ》むら、木《き》の上《うえ》

：口《くち》が赤《あか》いのも特徴《とくちょう》。ギスは「キリギリス」の意味《いみ》。「〇〇ギス」や「〇〇キリ」と呼《よ》ばれることが多《おお》い。

クビキリギリスとよく言《い》い間違《まちが》えられますが、正《ただ》しくは「クビキリギス」。噛《か》む力《ちから》がとても強《つよ》く、何かを噛《か》んでいるときに無理《むり》やり引《ひ》っぱると…首《くび》が切《き》れます。そうです。このおぞましい理由《りゆう》が名前《なまえ》「首切《くびき》りギス」の由来《ゆらい》です。

クビキリギスは成虫《せいちゅう》で冬《ふゆ》を越《こ》すタイプ。春初《はるしょ》っ端《ぱな》から成虫《せいちゅう》がいるので、春先《はるさき》の夜《よる》にジ——ッと大《おお》きめの声《こえ》で鳴《な》いています。聞《き》こえたらそーっと近《ちか》づいてじ——っと見《み》てみてください。オスが見《み》つかります。

こんちゅうクンの豆知識《まめちしき》

大《おお》きさ：4～5cmぐらい

見《み》られる時期《じき》：春《はる》～夏《なつ》

見《み》られる場所《ばしょ》：草《くさ》むら、木《き》の上《うえ》

：「ヤブキリ」の名前《なまえ》は「薮《やぶ》にいるキリギリス」の意味《いみ》。

Before

草食系《そうしょくけい》から肉食系《にくしょくけい》へ。

ヤブキリ

After

＼ヤブキリ／

ショート動画《どうが》「産卵《さんらん》」はこちらから！

春《はる》先《さき》、野原《のはら》に咲《さ》くタンポポの上《うえ》に、小《ちい》さな黄緑色《きみどりいろ》の虫《むし》が乗《の》っていることがあります。ヤブキリの幼虫《ようちゅう》です。花粉《かふん》を食《た》べて育《そだ》ち、成長《せいちょう》すると草《くさ》や木《き》の上《うえ》へ移動《いどう》するため姿《すがた》を見《み》なくなりますが、木《き》の上《うえ》から「シリリ、シリリ」という成虫《せいちゅう》の鳴《な》き声《ごえ》が聞《き》こえてきます。大《おお》きくなるにつれて肉食性《にくしょくせい》が増《ま》し、成虫《せいちゅう》はバッタやイモムシなどを食《た》べ、時《とき》にはカマキリを襲《おそ》うことも。姿《すがた》もイカつくなり、「昔《むかし》はあんなにかわいかったのに…」と男子中学生《だんしちゅうがくせい》のお母《かあ》さんの心境《しんきょう》にならざるを得《え》ません（僕《ぼく》も母親《ははおや》から言《い》われたことある!-）。

カヤキリ

ド迫力《はくりょく》のキュウリ好《ず》き。

＼カヤキリ／

ショート動画《どうが》「お顔《かお》アップ」はこちらから！

こんちゅうクンの豆知識《まめちしき》

大《おお》きさ：6～7cm ぐらい
見《み》られる時期《じき》：夏《なつ》
見《み》られる場所《ばしょ》：ススキのある草《くさ》むら
：夜《よる》に「ジャ——」と大《おお》きな声《こえ》で鳴《な》きます。

「カヤ（ススキ）にいるキリギリス」という名前《なまえ》の通《とお》り、ススキなどの草《くさ》むらに住《す》み、イネ科植物《かしょくぶつ》の茎《くき》や穂《ほ》の部分《ぶぶん》を食《た》べます。飼育中《しいくちゅう》はキュウリをよく食《た》べてくれます。

体《からだ》がでかいし顔《かお》もでかいし口《くち》もでかくて迫力《はくりょく》があるのに、キュウリが好《す》き。噛《か》まれたら血《ち》が出《で》るくらい痛《いた》い（というか血《ち》が出《で》る）のに、キュウリが好《す》き。顔《かお》は怖《こわ》いしカマキリと一文字違《ひともじちが》いなので、てっきり肉食《にくしょく》かと思《おも》っちゃうのに、キュウリが好《す》き。人《ひと》も虫《むし》も、見《み》た目《め》と名前《なまえ》で判断《はんだん》してはいけませんね。

こんちゅうクンの豆知識《まめちしき》

大《おお》きさ：3cm ぐらい
見《み》られる時期《じき》：夏《なつ》〜秋《あき》
見《み》られる場所《ばしょ》：田《た》んぼや畑《はたけ》、草《くさ》むら
：飼《か》う時《とき》は野菜《やさい》だけではなく煮干《にぼ》しなども入《い》れないと共食《ともぐ》いします。

エンマコオロギ

地獄《じごく》で会《あ》おうぜ！

「コロコロリー」と昼間《ひるま》でも草《くさ》むらから鳴《な》き声《ごえ》が聞《き》こえてきます。日中《にっちゅう》は草《くさ》や石《いし》の影《かげ》に隠《かく》れていますが、夜《よる》はけっこう堂々《どうどう》と出歩《である》いています。

エンマ大王《だいおう》のように怖《こわ》い顔《かお》をしているので「エンマコオロギ」と名《な》づけられました。某《ぼう》アニメに出《で》てくるエンマはそんなに怖《こわ》くないのに。ちなみに、エンマ大王《だいおう》は地獄《じごく》で死《し》んだ人《ひと》を裁《さば》くのがお仕事《しごと》。万《まん》が一《いち》地獄《じごく》に落《お》ちてしまっても、「エンマ大王《だいおう》とエンマコオロギを見比《みくら》べるチャンス！」と開《ひら》き直《なお》ってみてください。天国《てんごく》に行《い》っちゃうと確認《かくにん》できませんよ。

ミツカドコオロギ

角《かど》の立《た》つお顔立《かおだ》ち。

こんちゅうクンの豆知識《まめちしき》

大《おお》きさ：2cmぐらい
見《み》られる時期《じき》：夏《なつ》～秋《あき》
見《み》られる場所《ばしょ》：草《くさ》むら

：【つの】動物《どうぶつ》の頭《あたま》にあるかたくつき出《で》たもの
【かど】物《もの》のとがってつき出《で》た部分《ぶぶん》
※小学新国語辞典《しょうがくしんこくごじてん》（光村教育図書《みつむらきょういくとしょ》）より

オスの顔《かお》の上《うえ》と右《みぎ》と左《ひだり》に3つの角《かど》があって、初《はじ》めて見《み》た時《とき》は大《おお》きな衝撃《しょうげき》を受《う》けました。「リッ、リッ、リッ」と歯切《はぎ》れの良《よ》い鳴《な》き声《ごえ》がしたので、音《おと》の聞《き》こえた方《ほう》の落《お》ち葉《ば》をめくってみたら、このへんてこりんな顔《かお》のコオロギが出現《しゅつげん》。「なんだこいつ！ 顔《かお》おもしろい！」と一目惚《ひとめぼ》れでした。

「角《かど》」はツノとも読《よ》みますが、ツノがついてるというより顔《かお》がでこぼこと角《かく》ばっている感《かん》じ。この子《こ》の名前《なまえ》は「三《み》つ角《かど》」でよかったなと思《おも》っています。

（「サンボンヅノコオロギ」とかだと、かっこよすぎて絶対似合《ぜったいにあ》わない！）。

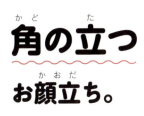

こんちゅうクンの豆知識《まめちしき》

大《おお》きさ：3～3.5cmぐらい
見《み》られる時期《じき》：一年中《いちねんじゅう》
見《み》られる場所《ばしょ》：林《はやし》の中《なか》、樹皮《じゅひ》の裏《うら》
：オスが「グリ――」って鳴《な》きます。

クチキコオロギ

朽《く》ち木《き》から飛《と》び出《だ》し注意《ちゅうい》。

はねが短《みじか》いけれど、ちゃんと鳴《な》きます（コオロギとかスズムシは、はねをこすり合《あ》わせて鳴《な》きます）。一年中成虫《いちねんじゅうせいちゅう》が見《み》られ、**冬《ふゆ》に朽《く》ち木《き》の中《なか》で見《み》つけたことも**ありました。コオロギって名前《なまえ》がつくけれど、コオロギよりマツムシに近《ちか》い仲間《なかま》のようです。

日本最大《にほんさいだい》のコオロギはヤエヤマクチキコオロギ。沖縄県《おきなわけん》の石垣島《いしがきじま》や西表島《いりおもてじま》に生息《せいそく》し、大《おお》きいもので4cmを超《こ》えるでかさ。夜《よる》、石垣島《いしがきじま》で採集《さいしゅう》した時《とき》に樹皮《じゅひ》の裏《うら》から飛《と》び出《で》てきて、ゴキブリの可能性《かのうせい》もあるから余計《よけい》に焦《あせ》りました。

マツムシ

こんちゅうクンの豆知識《まめちしき》

大《おお》きさ：2cmぐらい
見《み》られる時期《じき》：秋《あき》
見《み》られる場所《ばしょ》：草《くさ》の根元《ねもと》や葉《は》っぱの上《うえ》
：見《み》つける時《とき》は背丈《せたけ》が低《ひく》い草《くさ》がよいです。高《たか》い草《くさ》だと声《こえ》は聞《き》こえても姿《すがた》が見《み》えずってことが多《おお》いです。

松《まつ》の木《き》にはいない“松《まつ》ぼっくり虫《むし》”。

＼マツムシ／

ショート動画《どうが》「鳴《な》く」はこちらから！

唱《しょう》歌《か》『虫《むし》のこえ』に登場《とうじょう》する秋《あき》の鳴《な》く虫《むし》。「あれマツムシが鳴《な》いている　チンチロチンチロチンチロリン」という歌詞《かし》。実際《じっさい》には「ピッ、ピリリ」と聞《き》こえますが…。関西《かんさい》の方言《ほうげん》で松《まつ》ぼっくりのことをチンチロと言《い》い、「チンチロチンチロ＝松《まつ》ぼっくり！松《まつ》ぼっくり！」と鳴《な》くので「松虫《まつむし》」と名《な》づけられたという説《せつ》があります。なのでマツの木《き》にはいません。ススキの根本《ねもと》などによくいます。

ちなみに「松《まつ》ぼっくり」とは「松《まつ》ふぐり」が転《てん》じた言葉《ことば》のようで、「ふぐり」とは睾丸《こうがん》のことです。はい、ただ言《い》いたかっただけです。

アオマツムシ

別名《べつめい》「アオゴキブリ」。

\ アオマツムシ /

ショート動画《どうが》「鳴《な》く」はこちらから！

こんちゅうクンの豆知識《まめちしき》

大《おお》きさ：2cm ちょっと

見《み》られる時期《じき》：夏《なつ》〜秋《あき》

見《み》られる場所《ばしょ》：街路樹《がいろじゅ》の上《うえ》の方《ほう》

：上《うえ》の写真《しゃしん》はオス。
メスのはねに茶色《ちゃいろ》は入《はい》りません。

緑《みどり》色《いろ》をしたマツムシのようなのでアオマツムシ。マツムシは昔《むかし》から日本《にほん》にいる在来種《ざいらいしゅ》ですが、アオマツムシは明治時代《めいじじだい》に中国《ちゅうごく》から日本《にほん》にやって来《き》た外来種《がいらいしゅ》です。草《くさ》むらよりも都市部《としぶ》の公園《こうえん》や街路樹《がいろじゅ》でよく見《み》られます。夜《よる》の外灯《がいとう》にも集《あつ》まり、コンビニや自動販売機《じどうはんばいき》、駅《えき》のホームで見《み》つけたことも。「リーリー」という大《おお》きな鳴《な》き声《ごえ》は、きっと聞《き》いたことがあるはずです。

体《からだ》が平《ひら》たくてすばしっこいため、別名《べつめい》はまさかの「アオゴキブリ」。ゴキブリも青《あお》かったり鳴《な》いたりすれば、もう少《すこ》し好《す》かれるかもしれません…。

スズムシ

鳴《な》く虫《むし》の代表選手《だいひょうせんしゅ》。

こんちゅうクンの豆知識《まめちしき》

大《おお》きさ：2cmないぐらい
見《み》られる時期《じき》：夏《なつ》〜秋《あき》
見《み》られる場所《ばしょ》：草《くさ》むら
：京都府《きょうとふ》には『鈴虫寺《すずむしでら》』という大量《たいりょう》のスズムシが飼《か》われており、年中《ねんじゅう》鳴《な》き声《こえ》を聞《き》けるお寺《てら》があります。鳴《な》き声《ごえ》だけでなく「鈴虫説法《すずむしせっぽう》」という背筋《せすじ》の伸《の》びる有難《ありがた》いお話《はなし》や、場内《じょうない》が笑《わら》いにつつまれる面白《おもしろ》いお話《はなし》も聞《き》けます。

＼スズムシ／

ショート動画《どうが》「鳴《な》く」はこちらから！

秋《あき》の鳴《な》く虫《むし》の代表《だいひょう》。「リーンリーン」と鈴《すず》の音《ね》のように鳴《な》きます。昔《むかし》から日本人《にほんじん》に親《した》しまれ、飼《か》ったことがある人《ひと》も多《おお》いと思《おも》います。しかし、野外《やがい》では鳴《な》き声《ごえ》を聞《き》くことはあっても姿《すがた》はあまり見《み》られません。

以前《いぜん》、秋《あき》の夜《よる》の散歩中《さんぽちゅう》に、スズムシの鳴《な》き声《ごえ》が聞《き》こえてきました。音《おと》の方《ほう》に近《ちか》づくと、なんと道路脇《どうろわき》の側溝《そっこう》のフタでスズムシが鳴《な》いていました。自動販売機《じどうはんばいき》の下《した》やコンビニの駐車場《ちゅうしゃじょう》などでもたまに見《み》られます。意外《いがい》と身近《みぢか》にいる〝虫《むし》かごに入《はい》っていないスズムシ〟に、ぜひ出会《であ》ってみてください。

こんちゅうクンの豆知識《まめちしき》

大《おお》きさ：5～5.5cm ぐらい
見《み》られる時期《じき》：秋《あき》
見《み》られる場所《ばしょ》：クズのある草《くさ》むら
：街中《まちなか》では見《み》られず、
タイワンクツワムシの方《ほう》が身近《みぢか》かも。

クツワムシ

近所迷惑《きんじょめいわく》が心配《しんぱい》。

＼ クツワムシ ／

ショート動画《どうが》
「鳴《な》く」は
こちらから！

唱《しょう》歌《か》『虫《むし》のこえ』では「ガチャガチャガチャガチャ」と表現《ひょうげん》される鳴《な》き声《ごえ》。実際《じっさい》に聞《き》くとほんとにガチャガチャ鳴《な》きます。クズが生《お》い茂《しげ》った場所《ばしょ》で、鳴《な》き声《ごえ》を頼《たよ》りに探《さが》すのが一番見《いちばんみ》つけやすいです。

本州南岸《ほんしゅうなんがん》ではクツワムシに似《に》た、一回《ひとまわ》り大《おお》きいタイワンクツワムシの方《ほう》が多《おお》く見《み》られます。鳴《な》き声《ごえ》は「ギー、ギー」という前奏《ぜんそう》が何回《なんかい》か続《つづ》いた後《あと》に「ギュルギュルルルル…」と大《おお》きな声《こえ》で鳴《な》き始《はじ》めます。いずれも家《いえ》で飼《か》うと近所迷惑《きんじょめいわく》が心配《しんぱい》になるほどうるさく鳴《な》くので、気《き》をつけてください。

ウマオイ

こんちゅうクンの豆知識《まめちしき》

大《おお》きさ：2.5～4.5cmぐらい
見《み》られる時期《じき》：夏《なつ》～秋《あき》
見《み》られる場所《ばしょ》：草《くさ》むら、河川敷《かせんしき》、林《はやし》、畑《はたけ》
：前《まえ》あしのギザギザで他《ほか》の虫《むし》を捕《つか》まえて食《た》べます。

ハヤシかハタケか、鳴《な》き声《ごえ》次第《しだい》。

＼ウマオイ／

ショート動画《どうが》「鳴《な》く」はこちらから！

ウマオイにはハヤシノウマオイとハタケノウマオイという2種《しゅ》がいます（変《へん》な名前《なまえ》！）。この2種《しゅ》は見《み》た目《め》での判別《はんべつ》が難《むずか》しく、鳴《な》き声《ごえ》で見分《みわ》けます。「スイーッチョン、スイーッチョン」と伸《の》ばして鳴《な》くのがハヤシノウマオイ、「スイッチョスイッチョ」と短《みじか》く鳴《な》くのはハタケノウマオイです（変《へん》な鳴《な》き声《ごえ》！）。

林《はやし》にいるか畑《はたけ》にいるかでは見《み》分《わ》けられません。僕《ぼく》はハタケでハヤシノウマオイを見《み》つけたことが。つまり、鳴《な》かないメスだとどっちかよくわからないので、オスの鳴《な》き声《ごえ》を聞《き》いてみてください。

庭《にわ》で鐘《かね》をならすのはあなた。

カネタタキ

こんちゅうクンの豆知識《まめちしき》

大《おお》きさ：1cmぐらい

見《み》られる時期《じき》：夏《なつ》〜晩秋《ばんしゅう》

見《み》られる場所《ばしょ》：庭《にわ》や公園《こうえん》の木《き》の上《うえ》、草《くさ》の上《うえ》

：メスにははねがなく、もう少《すこ》し地味《じみ》。

カネタタキは非常《ひじょう》に小《ちい》さいので、姿《すがた》はなかなか見《み》られないかもしれませんが、秋《あき》に耳《みみ》をすませば、街路樹《がいろじゅ》や生《い》け垣《がき》、庭木《にわき》の上《うえ》などから「チン、チン」と鐘《かね》を叩《たた》くような、小《ちい》さな鳴《な》き声《ごえ》が聞《き》こえてくるはずです。

運《うん》よく見《み》つけることができたとしても、手《て》で捕《つか》まえるのは、ほぼ無理《むり》です。捕《と》る時《とき》は枝《えだ》の下《した》に網《あみ》を構《かま》え、枝《えだ》を叩《たた》いて網《あみ》に虫《むし》を落《お》とす採集方法《さいしゅうほうほう》で捕《つか》まえることができます。網《あみ》がなければ傘《かさ》でも大丈夫《だいじょうぶ》。その技《わざ》の別名《べつめい》は「カネタタキ叩《たた》き」。（嘘《うそ》です。「ビーティング」と言《い》います）。

ノミバッタ

こんちゅうクンの豆知識《まめちしき》

大《おお》きさ：5mm ぐらい
見《み》られる時期《じき》：春《はる》〜秋《あき》
見《み》られる場所《ばしょ》：畑《はたけ》や湿地《しっち》、河川敷《かせんしき》
：日本《にほん》のバッタの中《なか》では最小級《さいしょうきゅう》。

体長《たいちょう》5ミリメートル。

ノミみたいに小《ちい》さなバッタ。カネタタキよりもさらに小《ちい》さく、1㎝もありません。畑《はたけ》や湿地《しっち》、河川敷《かせんしき》などにいて、地面《じめん》に土粒《つちつぶ》を積《つ》み上《あ》げた巣《す》をつくります。後《うし》ろあしはいつでもジャンプできるようにたたまれており、やっぱりノミのように大《だい》ジャンプして逃《に》げます。

小《ちい》さくてなかなか見《み》つけにくい虫《むし》ですが、よく見《み》ると黒《くろ》いメタリックボディがすごくカッコイイ！　こんな小《ちい》さいのがもったいない！　バイクくらいでっかくして、かっこよくまたがって颯爽《さっそう》と駆《か》け抜《ぬ》けてみたい!!

ケラ

水《すい》、陸《りく》、空《くう》、どこへでも行《い》ける。

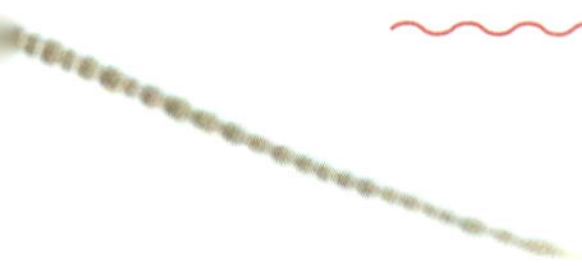

＼ケラ／

ショート動画《どうが》
「前脚《まえあし》バタバタ」は
こちらから！

こんちゅうクンの豆知識《まめちしき》

大《おお》きさ：3〜3.5cm ぐらい
見《み》られる場所《ばしょ》：土《つち》の中《なか》、植木鉢《うえきばち》の下《した》、夜《よる》の外灯《がいとう》
見《み》られる時期《じき》：春《はる》〜秋《あき》
一言《ひとこと》：「よく見《み》ると顔《かお》がカワイイ」。
好《す》きな食《た》べ物《もの》：リンゴ、落花生《らっかせい》、昆虫《こんちゅう》ゼリーなどで飼《か》いますが、普段《ふだん》は農作物《のうさくぶつ》の根《ね》っこなどが主食《しゅしょく》のようです。

：オムシジャパン（P64 参照《さんしょう》）でのポジションはFW。DF ラインの裏《うら》の地中《ちちゅう》で待機《たいき》し、敵《てき》とラインズマンの目《め》をかいくぐってキーパーと1対《たい》1の場面《ばめん》を量産《りょうさん》する。

「ミミズだ〜って、オケラだ〜って、アメンボだ〜〜って♪」（『手《て》のひらを太陽《たいよう》に』）のオケラ。「お」をつけられることが多《おお》いですが、**正式《せいしき》には「ケラ」**です。ケラは田《た》んぼの脇《わき》などの地中《ちちゅう》にトンネルをつくって住《す》み、「ジ——」と小《ちい》さな声《こえ》で鳴《な》きます。昔《むかし》はこの「ジ——」はミミズが鳴《な》いていると勘違《かんちが》いされていたらしいですが、ミミズは鳴《な》きません。また、他《ほか》の鳴《な》く虫《むし》と違《ちが》って、なんと**メスも鳴《な》きます！**（セミもコオロギもだいたいオスしか鳴《な》かないのに）。

そんなケラとの出会《であ》いは意外《いがい》と

夜《よる》に多《おお》く、コンビニや某回転寿司《ぼうかいてんずし》屋《や》の外灯《がいとう》の下《した》で出会《であ》ったこともあります。ジュビロ磐田《いわた》のナイターゲーム観戦時《かんせんじ》に飛《と》んで来《き》たことも。モグラのミニチュア版《ばん》のようなケラですが、**実《じつ》はモグラにはできない大空《おおぞら》への飛翔《ひしょう》をやってのける**のです。しかもけっこうスイーッと飛《と》びます。さらにケラは水田近《すいでんちか》くに住《す》むためか、**水《みず》に入《い》れてもスイスイと上手《じょうず》に泳《およ》ぎます。**

掘《ほ》れる、泳《およ》げる、飛《と》べる虫《むし》は昆虫界《こんちゅうかい》を見渡《みわた》してもそういません。「虫《むし》ケラ」などと言《い》わず、ぜひ今《いま》こそケラのイメージ改善《かいぜん》を。

休《やす》み時間《じかん》 ④

【 読《よ》めるかな？ 昆虫漢字《こんちゅうかんじ》 】

お正月《しょうがつ》にこんちゅうクンが昆虫漢字《こんちゅうかんじ》を書《か》き初《ぞ》めしました。
何問正解《なんもんせいかい》できるかな？

昆虫少年少女《こんちゅうしょうねんしょうじょ》クラス

① レベル
亀虫

② レベル
天道虫

③ レベル
髪切虫

昆虫先生《こんちゅうせんせい》クラス

④ レベル
七節
漢字《かんじ》から想像《そうぞう》してみよう

⑤ レベル
飛蝗
草《くさ》むらを飛《と》び跳《は》ねる昆虫《こんちゅう》

⑥ レベル
螽斯
イソップ童話《どうわ》
「アリと〇〇〇〇〇」

昆虫博士《こんちゅうはかせ》クラス

⑦ レベル
蟷螂
前《まえ》あしがとても立派《りっぱ》

⑧ レベル
蟋蟀
秋《あき》に鳴《な》く虫《むし》と言《い》えば

⑨ レベル
螻蛄
地中《ちちゅう》で生活《せいかつ》する昆虫《こんちゅう》

【答《こた》え合《あ》わせ】 ① カメムシ ② テントウムシ ③ カミキリムシ ④ ナナフシ ⑤ バッタ ⑥ キリギリス ⑦ カマキリ ⑧ コオロギ ⑨ ケラ

6時間目《じかんめ》

カマキリのお話《はなし》

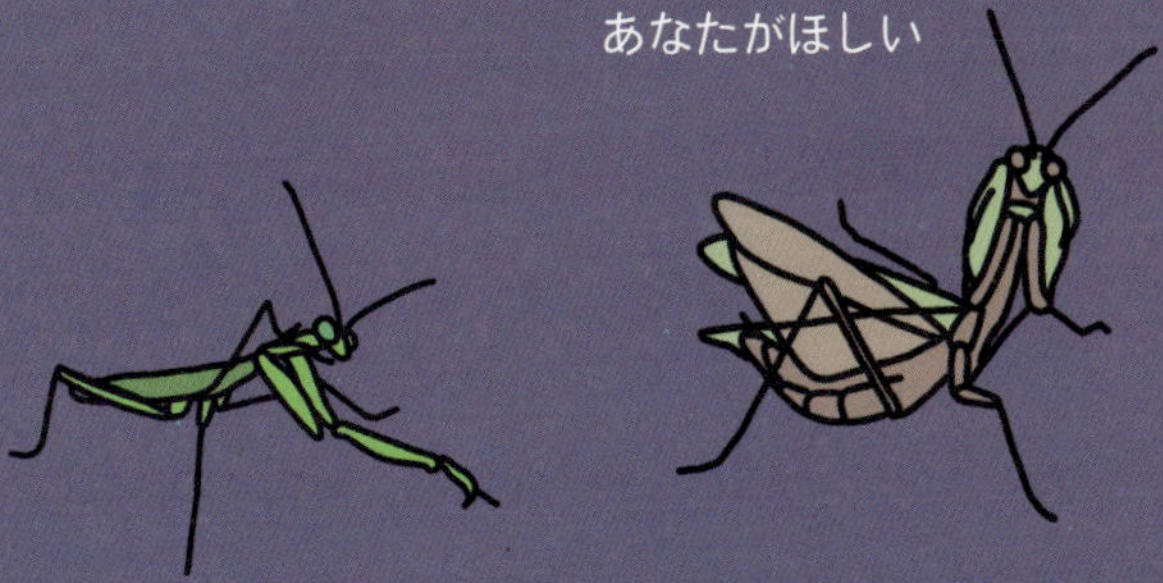
それは、オスとして？
エサとして？

オオカマキリ

メスへのアプローチ、超慎重《ちょうしんちょう》。

お食事中《しょくじちゅう》

こんちゅうクンの豆知識《まめちしき》

大《おお》きさ：7～9.5cm ぐらい

見《み》られる時期《じき》：夏《なつ》～秋《あき》

見《み》られる場所《ばしょ》：林縁《りんえん》や草《くさ》むら

：気《き》づかれないようじっと獲物《えもの》を見《み》つめ、届《とど》く範囲《はんい》に来《き》たら一気《いっき》に捕《と》らえる。風《かぜ》が吹《ふ》くと周《まわ》りの葉《は》っぱと同《おな》じように体《からだ》を揺《ゆ》らしながら近《ちか》づく高度《こうど》な戦略《せんりゃく》も。

＼オオカマキリ／

ショート動画《どうが》「威嚇《いかく》からのスルー」・「お食事《しょくじ》シーン」はこちらから！

カマキリは動《うご》いているものをエサと見《み》なし、バッタやコオロギ、セミ、ハチなどけっこうなんでも食《た》べます。交尾《こうび》の時《とき》はオスがメスに食《た》べられてしまうこともあり、オオカマキリと言《い》えどメスへのアプローチは超慎重《ちょうしんちょう》。ジリジリとメスににじり寄《よ》り、命《いのち》がけで交尾《こうび》します。同《おな》じオスとして感動《かんどう》せずにはいられません。ヒトの場合《ばあい》は多少《たしょう》うかつに近《ちか》づいても、食《た》べられることはないので、特《とく》に若《わか》いうちは当《あ》たって砕《くだ》ける覚悟《かくご》でどんどんアプローチしてみてください。（なんならプロポーズもその意気《いき》で！）

カマキリ
（チョウセンカマキリ）

カマキリという名《な》のカマキリ。

こんちゅうクンの豆知識《まめちしき》

大《おお》きさ：6.5～9cmぐらい
見《み》られる時期《じき》：夏《なつ》～秋《あき》
見《み》られる場所《ばしょ》：田《た》んぼの近《ちか》くや川原《かわら》
：「チョウセン」は「挑戦《ちょうせん》」ではなく、「朝鮮《ちょうせん》」の意味《いみ》です。

オオカマキリに似《に》ていますが、前《まえ》あしの付《つ》け根《ね》がオレンジ色《いろ》であること（オオカマキリはうすい黄色《きいろ》）で見分《みわ》けられます。

チョウセンカマキリと呼《よ》ばれていましたが、最近《さいきん》の図鑑《ずかん》では「カマキリ」と記《しる》されるようになりました。ただでさえ〝オオカマキリのちょっと小《ちい》さいバージョン〟みたいな扱《あつか》いなのに、名前《なまえ》が単《たん》に「カマキリ」になって、ますますつかみどころのない感《かん》じに。心《こころ》なしか他《ほか》のカマキリよりも人気《にんき》がない気《き》がしますが、僕《ぼく》は大好《だいす》きです。初《はじ》めて飼《か》ったカマキリがカマキリでした（やっぱややこしいな）。

ハラビロカマキリ

木登《きのぼ》り大好《だいす》き。

お食事中《しょくじちゅう》

ハラビロ カマキリ

ショート動画《どうが》
「お食事《しょくじ》シーン」は
こちらから！

こんちゅうクンの豆知識《まめちしき》

大《おお》きさ：4.5～7cm ぐらい
見《み》られる時期《じき》：夏《なつ》～秋《あき》
見《み》られる場所《ばしょ》：木《き》や葉《は》っぱの上《うえ》
：木《き》の上《うえ》にいたら、上《うえ》からつついて下《した》へ誘導《ゆうどう》すると捕《と》りやすいです。

腹《はら》広《びろ》いカマキリ。他《ほか》のカマキリよりも高《たか》い所《ところ》にいることが多《おお》く、冬《ふゆ》に見《み》つかる卵鞘《らんしょう》も木《き》の枝《えだ》によくついています。

夏《なつ》には成虫《せいちゅう》が出《で》てきて、木《き》の上《うえ》でセミを食《た》べる姿《すがた》が見《み》られるようになります。最近気《さいきんき》がついたのですが、外《そと》を歩《ある》いていてセミの悲鳴《ひめい》のような鳴《な》き声《ごえ》が聞《き》こえてきたら、ヒトかカラスかハラビロカマキリに捕《つか》まっていることが多《おお》いんです！カマキリだった場合《ばあい》はセミの鳴《な》き声《ごえ》が移動《いどう》しないし、しばらく鳴《な》いているので、それを目印《めじるし》に捕食《ほしょく》シーンを観察《かんさつ》することができます。

ムネアカハラビロカマキリ

こんちゅうクンの豆知識《まめちしき》

大《おお》きさ：6.5～8cmぐらい
見《み》られる時期《じき》：夏《なつ》～秋《あき》
見《み》られる場所《ばしょ》：木《き》の上《うえ》
：中国《ちゅうごく》から輸入《ゆにゅう》した竹《たけ》ぼうきに卵《たまご》がくっついていて日本《にほん》に侵入《しんにゅう》したと考《かんが》えられています。

進撃《しんげき》のカマキリ。

近《きん》年国内各地《ねんこくないかくち》で発見《はっけん》されている中国原産《ちゅうごくげんさん》のカマキリ。ハラビロカマキリと同《おな》じく木《き》の上《うえ》によくいて、体《からだ》は一回《ひとまわ》り大《おお》きい。彼《かれ》らが侵入《しんにゅう》した地域《ちいき》ではハラビロカマキリがほぼいなくなるという報告《ほうこく》もあり、ハラビロカマキリを駆逐《くちく》してしまっている可能性《かのうせい》があります。

以前《いぜん》、愛知県《あいちけん》でこのムネアカハラビロカマキリを探《さが》した時《とき》、1時間《じかん》で20匹《ぴき》ぐらい見《み》つかりました。ハラビロカマキリはゼロ。今《いま》（2025年《ねん》）はまだ静岡《しずおか》県西部《けんせいぶ》では見《み》つかっていませんが、いつ侵入《しんにゅう》してきてもおかしくないと毎年《まいとし》ビビっています。

こんちゅうクンの豆知識《まめちしき》

大《おお》きさ：4～6cmぐらい

見《み》られる時期《じき》：夏《なつ》～秋《あき》

見《み》られる場所《ばしょ》：草《くさ》むら

：「小《こ》カマキリ」という名前《なまえ》ですが、もっと小《ちい》さなカマキリもいます。

コカマキリ

「僕《ぼく》を怒《おこ》らせたら、大《たい》したもんですよ」。

地《じ》面近《めんちか》くで見《み》つかることが多《おお》い小《ちい》さなカマキリ。夜《よる》の外灯《がいとう》にも飛《と》んで来《き》ます。鎌《かま》の内側《うちがわ》の模様《もよう》も特徴的《とくちょうてき》。基本的《きほんてき》には茶色《ちゃいろ》の体色《たいしょく》がほとんどですが、たまに緑色《みどりいろ》がいます。緑《みどり》のコカマキリは珍《めずら》しいです！

コカマキリの威嚇《いかく》ポーズが見《み》たくて突《つ》っついてみるのですが、全《まった》く怒《おこ》らないどころかひっくり返《かえ》って死《し》んだフリをしたりします。こっちは怒《おこ》らせたくてちょっかいを出《だ》してるのに、大人《おとな》の対応《たいおう》をされて悔《くや》しい…。一応威嚇《いちおういかく》ポーズもするらしいので、傷《きず》つけることなく、うまく怒《おこ》らせてみてください。

こんちゅうクンの豆知識《まめちしき》

大《おお》きさ：3cmぐらい
見《み》られる時期《じき》：初夏《しょか》〜夏《なつ》（幼虫《ようちゅう》は秋《あき》〜春《はる》）
見《み》られる場所《ばしょ》：木《き》の上《うえ》など
：そっくりなヒメカマキリもいるけど、この子《こ》は幼虫《ようちゅう》で越冬《えっとう》。

冬《ふゆ》でも会《あ》える。

サツマヒメカマキリ

コカマキリよりもさらに小《ちい》さいカマキリ。多《おお》くのカマキリが卵《たまご》で冬《ふゆ》を越《こ》す中《なか》、幼虫《ようちゅう》の姿《すがた》で冬《ふゆ》を越《こ》します。幼虫《ようちゅう》は春《はる》先《さき》からさらに成長《せいちょう》し、他《ほか》のカマキリよりも早《はや》い初夏《しょか》には羽化《うか》して成虫《せいちゅう》が見《み》られるようになります。

昆虫《こんちゅう》たちの姿《すがた》があまり見《み》られなくなる寒《さむ》い冬《ふゆ》、どうしてもカマキリに会《あ》いたくなることってありますよね？　そんなときにこのサツマヒメカマキリがオススメです。僕《ぼく》は毎年《まいとし》木《き》の枝先《えださき》に重《かさ》なった枯葉《かれは》の下《した》からこのサツマヒメカマキリの幼虫《ようちゅう》を見《み》つけ、冬《ふゆ》のカマキリ欲《よく》を満《み》たしてなんとか生《い》きのびています。

休《やす》み時間《じかん》⑤　【おしえて！ こんちゅうクン その1】

Q1 カマキリはなんで「カマキリ」と呼《よ》ばれるの？

A 諸説《しょせつ》ありますが、「鎌《かま》を持《も》ったキリギリス」という意味《いみ》からカマキリと名《な》づけられたという説《せつ》が有力《ゆうりょく》です。しかし、卵《たまご》を産《う》む時《とき》にゴキブリと同《おな》じ卵鞘《らんしょう》で卵《たまご》を産《う》みますし、どちらかというとキリギリスよりもゴキブリに近《ちか》い仲間《なかま》です。

Q2 ヘラクレスオオカブトはなんで冬《ふゆ》でも生《い》きてるの？

A 彼《かれ》らの生息地《せいそくち》の中南米《ちゅうなんべい》は、日本《にほん》の冬《ふゆ》みたいに寒《さむ》い時期《じき》がないので年中活動《ねんじゅうかつどう》しています。日本《にほん》でも、暖《あたた》かくしてあげれば冬《ふゆ》でも飼《か》うことができますよ。これは他《ほか》の海外《かいがい》のほとんどの昆虫《こんちゅう》にも同《おな》じことが言《い》えます。日本《にほん》の虫《むし》のような季節感《きせつかん》がないんですね。

Q3 カブトムシが服《ふく》にくっついて離《はな》れないんですけど？

A 無理《むり》に引《ひ》っ張《ぱ》っても爪《つめ》がするどくて、なかなか離《はな》れません。カブトムシのおしりを突《つ》っつくと前《まえ》に移動《いどう》するので、ちょんちょんと移動《いどう》させて別《べつ》の場所《ばしょ》に移《うつ》してあげましょう。自分《じぶん》で歩《ある》く時《とき》は、爪《つめ》がひっかからないようです。

Q4 チョウとガのちがいってなに？

A 「昼間《ひるま》に活動《かつどう》するチョウは派手《はで》で色鮮《いろあざ》やかな種類《しゅるい》が多《おお》く、夜《よる》に活動《かつどう》するものが多《おお》いガは昼間目立《ひるまめだ》たない地味《じみ》な色《いろ》のものが多《おお》い。夜《よる》は視覚《しかく》より、匂《にお》いの情報《じょうほう》の方《ほう》が重要《じゅうよう》なので、ガは触角《しょっかく》(匂《にお》いを嗅《か》ぐところ)がくし状《じょう》に発達《はったつ》したものが多《おお》い」…とよく言《い》われますが、例外《れいがい》も多《おお》く、しっかりと区別《くべつ》はできません。日本《にほん》にチョウは約《やく》260種《しゅ》、ガは約《やく》6000種《しゅ》。チョウはガの一部《いちぶ》です。

7時間目《じかんめ》

ナナフシのお話《はなし》

ナナフシかと思《おも》ったら枝《えだ》だった

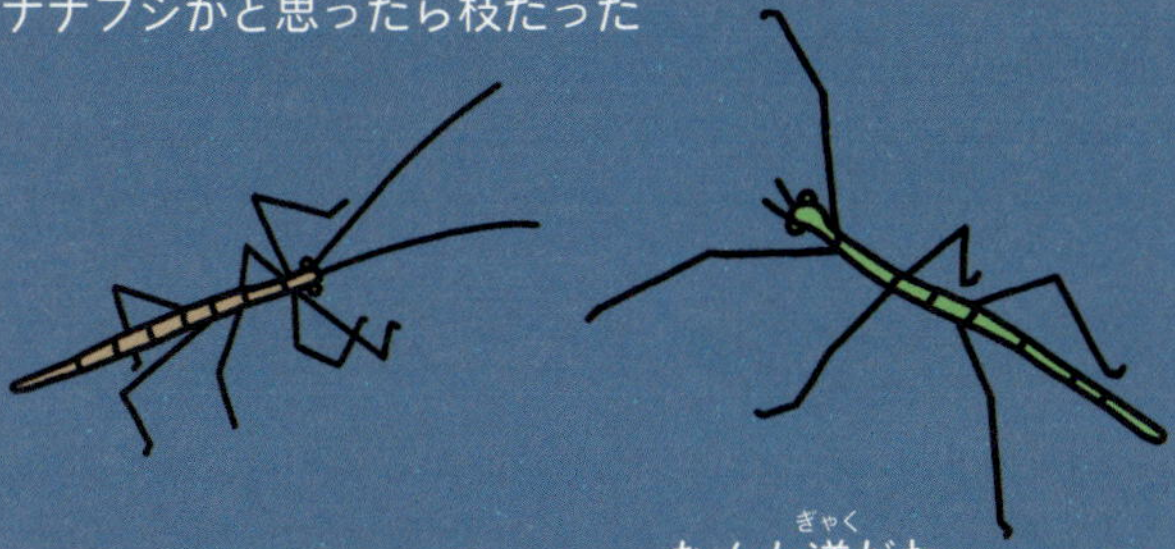

なんか逆《ぎゃく》だね

ナナフシモドキ

モドキだけど、ナナフシ代表《だいひょう》。

ナナフシモドキ

ショート動画《どうが》「脱皮《だっぴ》」はこちらから！

植物《しょくぶつ》の種《たね》にそっくりな卵《たまご》

こんちゅうクンの豆知識《まめちしき》

大《おお》きさ：7～10cmぐらい

見《み》られる時期《じき》：春《はる》～夏《なつ》

見《み》られる場所《ばしょ》：林縁《りんえん》

：触角《しょっかく》が短《みじか》いのも特徴《とくちょう》。

枝《えだ》そっくりな姿《すがた》でじっとしていることが多《おお》く、なかなか見《み》つけにくい昆虫《こんちゅう》。当園《とうえん》では4月頃《がつごろ》に生《う》まれたばかりの幼虫《ようちゅう》が、ノイバラに群《むら》がっています。成虫《せいちゅう》も、エサであるバラ、クヌギ、サクラ、カエデなどの葉《は》っぱを探《さが》すのが一番《いちばん》ですが、夜行性《やこうせい》なので夜《よる》の方《ほう》が見《み》つけやすいです。

ナナフシモドキは単為生殖《たんいせいしょく》と言《い》ってメスだけで卵《たまご》を産《う》めます。ほとんどメスしかいません。たまにオスが発見《はっけん》されますが数《かず》は圧倒的《あっとうてき》に少《すく》なく、見《み》つかるとニュースになります。メ

スは交尾《こうび》せずにポロポロと卵《たまご》を産《う》み落《お》とし、その卵《たまご》は植物《しょくぶつ》の種《たね》そっくりで見《み》つかりにくくなっています。また、あしをつかむとバッタよりも簡単《かんたん》にあしを切《き》って逃《に》げます。そして、脱皮《だっぴ》の度《たび》にまた少《すこ》しずつあしが生《は》えてきます。弱々《よわよわ》しい姿《すがた》ですが、ありとあらゆる手段《しゅだん》で生《い》き残《のこ》っている、たくましい昆虫《こんちゅう》です。

単《たん》にナナフシとも呼《よ》ばれますが、正式《せいしき》にはナナフシモドキ。「ナナフシじゃないの?」と聞《き》かれることもあり、なんだかかわいそうですが、ナナフシの代表選手《だいひょうせんしゅ》です。

トゲナナフシ

子《こ》どもの頃《ころ》はトガッてない。

幼虫《ようちゅう》

こんちゅうクンの豆知識《まめちしき》

大《おお》きさ：6～7.5cm ぐらい
見《み》られる時期《じき》：初夏《しょか》～秋《あき》
見《み》られる場所《ばしょ》：林《はやし》の中《なか》
好《す》きな言葉《ことば》：『一生青春《いっしょうせいしゅん》』
：日本《にほん》のナナフシの中《なか》で
トゲトゲしているのはこの子《こ》だけ。

シダ植物《しょくぶつ》が生《は》えているような林道《りんどう》で見《み》つかります。当園《とうえん》ではヤツデの葉《は》っぱで飼育《しいく》。ナナフシモドキ同様《どうよう》、メスだけで繁殖《はんしょく》します。**背中《せなか》にトゲがあるのが特徴《とくちょう》**ですが、幼虫《ようちゅう》の時《とき》はトガッていません。ヒトも生《う》まれたてはまんまるで、中学生頃《ちゅうがくせいごろ》からトガッていきますが、大人《おとな》になるとだいたいは丸《まる》くなります。しかし、このトゲナナフシは大人《おとな》になるほどトガりを増《ま》し、ついには丸《まる》くなることなく**トガったまま一生《いっしょう》を終《お》えます。**

僕《ぼく》もそうありたい。これからも丸《まる》くなることなく、トガった生《い》き方《かた》をしていきたいです。

タイワントビナナフシ

それでも嗅《か》ぎたい、ごぼう臭《しゅう》。

こんちゅうクンの豆知識《まめちしき》

大《おお》きさ：7～8cmぐらい
見《み》られる時期《じき》：初夏《しょか》～秋《あき》
見《み》られる場所《ばしょ》：林縁《りんえん》や草《くさ》むら
：卵《たまご》はポロポロ落《お》とさず、植物《しょくぶつ》などに貼《は》りつけるタイプ。

元《もと》々《もと》の生息地《せいそくち》は九州以南《きゅうしゅういなん》でしたが、近年園芸植物《きんねんえんげいしょくぶつ》の移植《いしょく》によって**分布《ぶんぷ》を本州《ほんしゅう》にまで拡大《かくだい》**しました。はねがあるので成虫《せいちゅう》は少《すこ》しだけど飛《と》べます。他《ほか》のナナフシ同様体《どうようからだ》を揺《ゆ》らしながら歩《ある》きますが、他《ほか》よりも揺《ゆ》れが激《はげ》しい気《き》がします。

この子《こ》を見《み》つけたら、ぜひつまんでみてください（あしは切《き》れちゃうので体《からだ》を）。**ごぼうくさい**です。ラベンダーとかの匂《にお》いだったらもっと愛《あい》されたかもしれないけど、ごぼうです。僕《ぼく》にとっては「くっせぇ！」ってほどくさくもなく、かといっていい匂《にお》いなわけでもなく、**ほどよく不快《ふかい》な気持《きも》ちになります。**

休《やす》み時間《じかん》⑥

【磐田市竜洋昆虫自然観察公園《いわたしりゅうようこんちゅうしぜんかんさつこうえん》ってどんなところ？】

静岡県磐田市《しずおかけんいわたし》にある昆虫館《こんちゅうかん》で、1998年《ねん》6月《がつ》2日《にち》に開園《かいえん》しました（通称《つうしょう》りゅうこん）。園内《えんない》には、生《い》きた昆虫《こんちゅう》や標本《ひょうほん》が展示《てんじ》されている「こんちゅう館《かん》」、四季折々《しきおりおり》の自然《しぜん》や昆虫《こんちゅう》が観察《かんさつ》できる「野外公園《やがいこうえん》」があります。こんちゅうクンや、ゴキブリストが、野外《やがい》の自然《しぜん》や昆虫《こんちゅう》を案内《あんない》する「ガイドウォーク」は、子《こ》どもから大人《おとな》まで人気《にんき》のイベントです。また、この本《ほん》のタイトルにもなっているイベント『みんなの昆虫学校《こんちゅうがっこう》』も、定期的《ていきてき》に開催中《かいさいちゅう》。館内《かんない》の事務所《じむしょ》（一応《いちおう》、関係者以外《かんけいしゃいがい》立《た》ち入《い》り禁止《きんし》）に子《こ》どもが群《むら》がるのが週末《しゅうまつ》の見慣《みな》れた風景《ふうけい》となっています。

柳澤静磨《やなぎさわしずま》こと、ゴキブリストってどんな人《ひと》？

- もともとはゴキブリが嫌《きら》いだったが、西表島《いりおもてじま》でのヒメマルゴキブリとの出会《であ》いからゴキブリ好《ず》きに
- 毎年《まいとし》「ゴキブリ展《てん》」を企画《きかく》・開催《かいさい》
- 2020年《ねん》に所属《しょぞく》する研究《けんきゅう》チームとともに35年《ねん》ぶりに日本産《にほんさん》ゴキブリの新種《しんしゅ》を記載《きさい》
- 子《こ》どもの頃《ころ》にもらったクリスマスプレゼントは「ガスコンロ」
- 保有資格《ほゆうしかく》がたくさん
  生物分類技能検定《せいぶつぶんるいぎのうけんてい》2級《きゅう》（動物《どうぶつ》・植物部門《しょくぶつぶもん》）、ビオトープ管理士《かんりし》2級施工部門《きゅうせこうぶもん》、漢字検定準《かんじけんていじゅん》2級《きゅう》、潜水士《せんすいし》、剣道二段《けんどうにだん》、学芸員《がくげいいん》 etc…

- 一緒《いっしょ》に虫《むし》とりに行《い》くと必《かなら》ず姿《すがた》を見失《みうしな》う
- 子《こ》どもに好《す》かれすぎて、彼《かれ》が休《やす》みだと子《こ》どもたちにすごくがっかりされる
- 頭《あたま》に枝《えだ》とか葉《は》っぱとかがついてることがけっこうある（気《き》づいたら教《おし》えてあげて！）
- “ゴキブリスト”とは何《なに》か。それは、『人《ひと》とゴキブリを繋《つな》ぐ架《か》け橋《はし》』
- ゴキブリの魅力《みりょく》「ゴキブリは、嫌《きら》われてるからおもしろい」

8時間目《じかんめ》

ハチのお話《はなし》

「スズメぐらい大《おお》きいハチ」って
言《い》い過《す》ぎよね

クマよりは現実的《げんじつてき》だわ

オオスズメバチ

よだれみたいな液体《えきたい》が元気《げんき》の源《みなもと》。

こんちゅうクンの豆知識《まめちしき》

大《おお》きさ：働《はたら》きバチ３～3.5cm、
女王《じょおう》バチ４～4.5cm ぐらい

見《み》られる時期《じき》：春《はる》～秋《あき》（繁殖《はんしょく》のピークとなる８～10月《がつ》は働《はたら》きバチの数《かず》も増《ふ》え、凶暴性《きょうぼうせい》も高《たか》まるため、刺《さ》されることが多《おお》い時期《じき》。スズメバチだけではないですが、ハチに刺《さ》されて亡《な》くなる人は毎年《まいとし》20人前後《にんぜんご》とヘビやクマより多《おお》いんです）。

見《み》られる場所《ばしょ》：樹液《じゅえき》、花《はな》

：幼虫《ようちゅう》のよだれみたいな栄養液《えいようえき》は他《ほか》の動物《どうぶつ》にも効果《こうか》があるようで、これと同《おな》じ成分《せいぶん》を使《つか》って疲《つか》れにくくするスポーツ飲料《いんりょう》などがつくられています。

世《せ》界最大《かいさいだい》のスズメバチ。巣《す》に近《ちか》づくとはねをブンブン、アゴをカチカチと鳴《な》らして威嚇《いかく》、前《まえ》あしを振《ふ》り上《あ》げたりおしりの針《はり》を見《み》せつけてきます。凶暴性《きょうぼうせい》も毒性《どくせい》も強《つよ》いので、刺《さ》されるとすごく痛《いた》いし場合《ばあい》によっては死《し》に至《いた》ることも。

そんな彼《かれ》らの主食《しゅしょく》をご存知《ぞんじ》ですか？ 働《はたら》きバチが捕《つか》まえた獲物《えもの》を肉団子《にくだんご》にして幼虫《ようちゅう》に与《あた》えると、幼虫《ようちゅう》が口《くち》から栄養液《えいようえき》を出《だ》します。よだれみたいですが、これがスズメバチの主食《しゅしょく》。これがないと、働《はたら》きバチは疲《つか》れがたまりやすくなるばかりか、早《はや》く死《し》んでしまうんです。

セグロアシナガバチ

セグロ
アシナガバチ

ショート動画《どうが》
「オスの攻防《こうぼう》」は
こちらから！

オス

良《よ》い虫《むし》、悪《わる》い虫《むし》、好《す》きな虫《むし》。

こんちゅうクンの豆知識《まめちしき》

大《おお》きさ：2cmぐらい
見《み》られる時期《じき》：春《はる》〜秋《あき》
見《み》られる場所《ばしょ》：草《くさ》むら、花《はな》、畑《はたけ》など
：背中《せなか》が黒《くろ》いアシナガバチ。顔《かお》が白《しろ》っぽいのは秋《あき》によく見《み》られるオスです。

巣《す》の様子《ようす》

スズメバチよりおとなしく、巣《す》に近《ちか》づいたり手《て》を出《だ》さなければ襲《おそ》ってきません。春《はる》になると越冬《えっとう》から目覚《めざ》めた女王《じょおう》バチが1匹《ぴき》で巣《す》づくり、産卵《さんらん》、子育《こそだ》てを始《はじ》め、働《はたら》きバチが増《ふ》える度《たび》にどんどん巣《す》が大《おお》きくなります。夏休《なつやす》みの終《お》わりにはピークに達《たっ》し、多《おお》くの働《はたら》きバチがイモムシなどを捕《つか》まえては肉団子《にくだんご》にして巣《す》に運《はこ》び込《こ》みます。

毒《どく》があるので刺《さ》されると大変《たいへん》ですが、野菜《やさい》などの害虫《がいちゅう》を食《た》べてくれる益虫《えきちゅう》でもあります。立場《たちば》や状況《じょうきょう》によって益虫《えきちゅう》か害虫《がいちゅう》かは変《か》わりますが、僕《ぼく》にとってはだいたいどの虫《むし》も「好《す》きな虫《むし》」です。

セイヨウミツバチ

ほんとうに一撃必殺《いちげきひっさつ》。

こんちゅうクンの豆知識《まめちしき》

大《おお》きさ：働《はたら》きバチ 1cm ちょっと、
女王《じょおう》バチ 2cm ぐらい

見《み》られる時期《じき》：春《はる》～秋《あき》

見《み》られる場所《ばしょ》：色々《いろいろ》な花《はな》

：後《うし》ろあしには花粉《かふん》を集《あつ》める溝《みぞ》があり、そこに花粉団子《かふんだんご》をくっつけている。

多《おお》くの蜂蜜《はちみつ》はセイヨウミツバチを飼育《しいく》して採取《さいしゅ》されたものです。蜂蜜《はちみつ》は働《はたら》きバチが花《はな》から集《あつ》めてきた蜜《みつ》でできており、成虫《せいちゅう》の大切《たいせつ》なエサ。1匹《ぴき》の働《はたら》きバチが集《あつ》める蜜《みつ》からできる蜂蜜《はちみつ》は、ティースプーン一杯分《いっぱいぶん》と言《い》われています。

巣《す》の掃除《そうじ》、子育《こそだ》て、花粉《かふん》と蜜集《みつあつ》め、暑《あつ》い時《とき》にははねで風《かぜ》を送《おく》る扇風機《せんぷうき》の役割《やくわり》までこなす働《はたら》き者《もの》。スズメバチやアシナガバチは毒針《どくばり》を何度《なんど》も刺《さ》すことができますが、ミツバチは一度刺《いちどさ》すと針《はり》と毒《どく》の入《はい》った袋《ふくろ》を残《のこ》して飛《と》び去《さ》り、自分《じぶん》も死《し》んでしまいます。文字通《もじどお》りの必殺技《ひっさつわざ》。刺《さ》されないように気《き》をつけてくださいね。

顔《かお》を見《み》ればわかる。

＼クマバチ／
ショート動画《どうが》
「キャッチ」はこちらから！

キャッチされたオス

こんちゅうクンの豆知識《まめちしき》

大《おお》きさ：2cm ちょっと
見《み》られる時期《じき》：春《はる》〜秋《あき》
見《み》られる場所《ばしょ》：フジなどの花《はな》
：「クマンバチ」はクマバチだけではなくスズメバチなど他《ほか》のハチを指《さ》すこともあります。

クマバチ（キムネクマバチ）

クマみたいに黒《くろ》くて大《おお》きなハチ。ブーンと大《おお》きな羽音《はおと》を立《た》てますが、襲《おそ》ってくることはほぼありません。色々《いろいろ》な花《はな》に集《あつ》まり、特《とく》にフジの花《はな》でよく見《み》られます。4月《がつ》の後半《こうはん》になると空中《くうちゅう》でホバリングしているオスの姿《すがた》をよく見《み》ます。オスは刺《さ》さないのですがキャッチすると、おしりをクイッとさせて刺《さ》す動《うご》きをします。毒針《どくばり》ないくせに。メスは刺《さ》すので「顔《かお》に白《しろ》っぽい三角形《さんかくけい》があるのがオス（メスの顔《かお》は真《ま》っ黒《くろ》）」と覚《おぼ》えてください。ちなみにクマの場合《ばあい》はオスもメスも危険《きけん》なので、いずれにせよキャッチしないでください。

アミメアリ

どこまでも つながるアリ。

こんちゅうクンの豆知識《まめちしき》

大《おお》きさ：3mm ぐらい
好《す》きな食《た》べ物《もの》：蜜《みつ》、アブラムシの甘露《かんろ》、虫《むし》の死《し》がいなど
見《み》られる時期《じき》：春《はる》～秋《あき》
見《み》られる場所《ばしょ》：石《いし》や木《き》の下《した》、地面《じめん》など
：頭《あたま》が名前《なまえ》の通《とお》り網目模様《あみめもよう》になっている

＼アミメアリ／
ショート動画《どうが》
「行列《ぎょうれつ》」はこちらから！

多《おお》くのアリには女王《じょおう》アリと働《はたら》きアリがいて、基本的《きほんてき》には女《じょ》王《おう》アリが卵《たまご》を産《う》みますが、アミメアリは**女王《じょおう》アリが存在《そんざい》しません。**(オスもほとんどいない)。働《はたら》きアリが交尾《こうび》せずに産卵《さんらん》して増《ふ》えます。

身近《みぢか》なアリで、行列《ぎょうれつ》で歩《ある》いている姿《すがた》をよく見《み》ます。当園《とうえん》でも毎年《まいとし》見《み》られ、一度《いちど》行列《ぎょうれつ》をたどってみたら建物《たてもの》のまわりをぐるりと一周《いっしゅう》して、敷地《しきち》の外《そと》まで続《つづ》いて最後《さいご》まで追跡《ついせき》できませんでした。**大《おお》きいコロニーでは数万《すうまん》～数十万匹《すうじゅうまんひき》にもなる**そう。ライブ最多動員《さいたどういん》の記録《きろく》を持《も》つGLAYもびっくりの動員数《どういんすう》。昆虫《こんちゅう》の世界《せかい》はいつだってサバイバルです。

休《やす》み時間《じかん》⑦ 【おしえて！ こんちゅうクン その2】

Q1 クモが自分《じぶん》だけクモの巣《す》にひっかからないのはなんで？

A 巣《す》の中心《ちゅうしん》から放射状《ほうしゃじょう》に伸《の》びている糸《いと》が縦糸《たていと》、円状《えんじょう》に張《は》られている糸《いと》が横糸《よこいと》ですが、べたべたしていて獲物《えもの》を捕《と》らえられるのは横糸《よこいと》だけ。クモはべたべたしない縦糸《たていと》を歩《ある》いて、自分《じぶん》で自分《じぶん》の巣《す》に捕《つか》まっちゃわないようにしています。

Q2 ゴキブリの定義《ていぎ》は？

A さなぎにならずに成長《せいちょう》する（不完全変態《ふかんぜんへんたい》）、体《からだ》が平《ひら》たい、ものを噛《か》める口《くち》、革《かわ》のようにかたい前《まえ》ばね、卵鞘《らんしょう》の中《なか》に並《なら》べて卵《たまご》を産《う》む、などの特徴《とくちょう》を持《も》つものをゴキブリと呼《よ》んでいますが、家《いえ》の中《なか》に出《で》てくる、気持《きも》ち悪《わる》い、などは定義《ていぎ》と全《まった》く関係《かんけい》ありません。そういうゴキブリは、むしろ少数派《しょうすうは》です（P132参照《さんしょう》）。

Q3 カタツムリの殻《から》を取《と》るとナメクジになるんだよね？

A なりません。死《し》んじゃうのでやめてください。どちらも貝《かい》の仲間《なかま》ですが、カタツムリは生《う》まれた時《とき》から殻《から》がついていて、成長《せいちょう》するにつれて殻《から》も大《おお》きくなっていきます。ヤドカリのように殻《から》の引《ひ》っ越《こ》しはしません。（ちなみにヤドカリはエビ・カニと同《おな》じ甲殻類《こうかくるい》です）。

Q4 どうすれば虫《むし》を好《す》きになれますか？

A まず、無理《むり》に好《す》きにならなくてもいいんじゃないかなと思《おも》います。僕《ぼく》はいつも、みんなに虫《むし》たちのことをもう少《すこ》しよく知《し》ってから好《す》きか嫌《きら》いか決《き》めてほしいと思《おも》っています。（虫《むし》って、第一印象《だいいちいんしょう》で嫌《きら》われていることが多《おお》い気《き》がする！）。そんな虫《むし》たちとふれあってみると、今《いま》までとは違《ちが》った感情《かんじょう》が生《う》まれるかもしれません。

9時間目《じかんめ》

カメムシのお話《はなし》

ぼくの「くさい」と
君《きみ》の「うるさい」、
どっちがいやかな

どっちでもいいよ
「きもい」じゃなければ

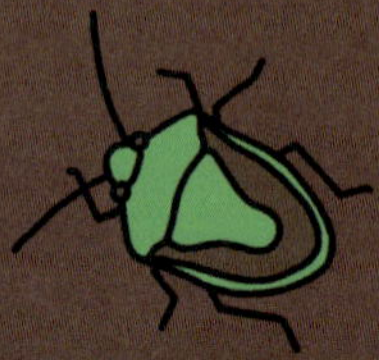

チャバネアオカメムシ

いつもくさい わけじゃない。

こんちゅうクンの豆知識《まめちしき》

大《おお》きさ：1cmぐらい　見《み》られる時期《じき》：春《はる》〜秋《あき》

見《み》られる場所《ばしょ》：果物《くだもの》、木《き》の実《み》

：花粉《かふん》が多《おお》い年《とし》は、ヒノキやスギの実《み》が多《おお》くなり、このカメムシの数《かず》も多《おお》くなります。夜《よる》のコンビニに集《あつ》まるカメムシを捕《と》る時《とき》は必《かなら》ず店員《てんいん》さんの許可《きょか》を。断《ことわ》られるどころか、「全部《ぜんぶ》捕《と》ってください！」と感謝《かんしゃ》されることが多《おお》いです。

はねの一部《いちぶ》が茶色《ちゃいろ》い緑《みどり》のカメムシ。１００種《しゅ》以上《いじょう》の植物《しょくぶつ》をエサとする果樹《かじゅ》の害虫《がいちゅう》ですが、主食《しゅしょく》はヒノキ・スギの実《み》です。突《つ》っついたりつかんだりすると、あしの付《つ》け根《ね》にある臭腺《しゅうせん》という穴《あな》からくさい臭《にお》いを噴射《ふんしゃ》します。刺激《しげき》を与《あた》えないように優《やさ》しく手《て》に乗《の》せてあげれば臭《にお》いを出《だ》させずに捕《つか》まえることも可能《かのう》です（失敗《しっぱい》しても自己責任《じこせきにん》で）。あの臭《にお》いは敵《てき》に対《たい》する防御《ぼうぎょ》の役割《やくわり》を持《も》ちますが、仲間同士《なかまどうし》で集《あつ》まるためや、敵《てき》が来《き》たことを伝《つた》えるためなど、コミュニケーションにも使《つか》われています。くさいのにも、ちゃんと理由《りゆう》があるのです。

こんちゅうクンの豆知識《まめちしき》

大《おお》きさ：5mm ぐらい

見《み》られる時期《じき》：春《はる》〜秋《あき》

見《み》られる場所《ばしょ》：クズやハギ、ベランダなど

：家《いえ》に入《はい》って来《き》たら
刺激《しげき》せずにそーっと外《そと》へ。

かわいさと臭《にお》いにギャップ萎《な》え。

マルカメムシ

クズなど主《おも》にマメ科《か》の植物《しょくぶつ》を好《この》み、ダイズやソラマメなどの害虫《がいちゅう》としても知《し》られています。丸《まる》くて小《ちい》さなカメムシで、見《み》た目《め》はテントウムシのようなかわいらしいフォルムですが、うっかりつかんだりすると、小《ちい》さいのにけっこうな悪臭《あくしゅう》を放《はな》ちます（だってカメムシなんだもん）。

秋《あき》に、ベランダに干《ほ》してある洗濯物《せんたくもの》の中《なか》から見《み》つかることもあり、気《き》をつけないと洗濯物《せんたくもの》にカメムシ臭《しゅう》がついて、二度目《にどめ》の洗濯《せんたく》を迫《せま》られることになります。

ナガメ

名前《なまえ》は
ミジカメ。

＼ナガメ／

ショート動画《どうが》
「仲良《なかよ》く歩《ある》く」は
こちらから！

こんちゅうクンの豆知識《まめちしき》

大《おお》きさ：1cmいかないぐらい
見《み》られる時期《じき》：春《はる》〜秋《あき》
見《み》られる場所《ばしょ》：アブラナ科植物《かしょくぶつ》、草《くさ》むら
：ひと回《まわ》り小《ちい》さく、名前《なまえ》が少《すこ》し“長《なが》め”なヒメナガメもいます。

このカメムシが花《はな》にとまっている景色《けしき》をおさめた写真《しゃしん》が昔話題《むかしわだい》になり、それを見《み》てみんな「良《よ》い〝眺《なが》め〟だなぁ」と口々《くちぐち》に言《い》っていたことから「ナガメ」になった…わけではありません。体《からだ》が他《ほか》のカメムシに比《くら》べると少《すこ》し〝長《なが》め〟…なわけでもありません。菜《な》の花《はな》につくカメムシなので「菜亀《ながめ》」です。菜《な》の花畑《はなばたけ》はたしかに良《よ》い〝眺《なが》め〟ですが、名前《なまえ》はずば抜《ぬ》けて〝短《みじか》め〟です。せめて名前《なまえ》の解説《かいせつ》だけは〝長《なが》め〟にしてみましたが、いかがだったでしょうか。

ちなみに、背中《せなか》の模様《もよう》がおすもうさんの顔《かお》に見《み》えます。

不気味《ぶきみ》に笑《わら》う美《び》ボディ。

オオキンカメムシ

こんちゅうクンの豆知識《まめちしき》

大《おお》きさ：2～2.5cmぐらい

見《み》られる時期《じき》：春《はる》～秋《あき》

見《み》られる場所《ばしょ》：海岸《かいがん》の木《き》、アブラギリなど

：数《すう》100kmの長距離移動《ちょうきょりいどう》をすることもあるらしい。

アブラギリやセンダンなどで繁殖《はんしょく》し、海岸《かいがん》の木《き》の葉裏《はうら》で成虫《せいちゅう》が集団越冬《しゅうだんえっとう》することが知《し》られているキンカメムシの仲間《なかま》。カメムシのくせに（おっと失礼《しつれい》）体《からだ》に光沢《こうたく》があり、〝くさいの代名詞《だいめいし》〟とされがちなカメムシとは思《おも》えないほど美《うつく》しいです。臭《にお》いもほとんどしません。鮮《あざ》やかなオレンジ色《いろ》に黒《くろ》い模様《もよう》が入《はい》り、よく見《み》るとうすい紫色《むらさきいろ》の光沢《こうたく》が体全体《からだぜんたい》を覆《おお》っています。当園《とうえん》では毎年《まいとし》1匹《ぴき》見《み》つかるかどうかくらいです。

ちなみに背中《せなか》の模様《もよう》が不気《ぶき》味《み》な笑《わら》い顔《がお》に見《み》えます。アゴにヒゲが生《は》えているイメージです。

シロオビアワフキ

こんちゅうクンの豆知識《まめちしき》

大《おお》きさ：1cmちょっと
見《み》られる時期《じき》：春《はる》～初夏《しょか》
見《み》られる場所《ばしょ》：草《くさ》や木《き》
：成虫《せいちゅう》は泡《あわ》をつくらず、ぴょんと跳《は》ねます。

おしっこを泡立《あわだ》てて、その中《なか》に住《す》む。

＼シロオビアワフキ／

ショート動画《どうが》「バブリー」はこちらから！

成虫《せいちゅう》

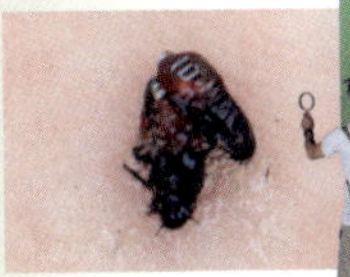

幼虫《ようちゅう》

4～6月頃《がつごろ》、植物《しょくぶつ》に小《ちい》さな泡《あわ》のかたまりが見《み》つかります。アワフキムシの幼虫《ようちゅう》がつくる泡《あわ》の巣《す》です。この泡《あわ》で乾燥《かんそう》と天敵《てんてき》の攻撃《こうげき》から身《み》を守《まも》り、自分《じぶん》はおしりの先《さき》から伸《の》びた管《くだ》を、泡《あわ》から出《だ》して呼吸《こきゅう》をするので溺《おぼ》れません。泡《あわ》の中《なか》には1～数匹《すうひき》の幼虫《ようちゅう》が隠《かく》れています。

実《じつ》はこの泡《あわ》、幼虫《ようちゅう》のおしっこからできています。おしっこを泡立《あわだ》ててそこに住《す》むなんてバブリーな発想《はっそう》、誰《だれ》も持《も》たないですよね（マネしないでね！）。おしっこと言《い》ってもほぼ水《みず》なので、ぜひ一度《いちど》あばいて中《なか》まで見《み》てみてください。ネバネバしますが。

クマゼミ

ひきこもり生活《せいかつ》から、世界《せかい》へ。

＼クマゼミ／

ショート動画《どうが》「大合唱《だいがっしょう》」はこちらから！

こんちゅうクンの豆知識《まめちしき》

大《おお》きさ：6～7cm ぐらい
見《み》られる時期《じき》：夏《なつ》
見《み》られる場所《ばしょ》：センダンなどの木《き》
：セミは飼育《しいく》が難《むずか》しいので成虫《せいちゅう》の寿命《じゅみょう》は一週間《いっしゅうかん》だと思《おも》われていました。実《じつ》は野外《やがい》ではもっと長生《ながい》きします。

産卵《さんらん》シーン

夏《なつ》にシャーシャーと鳴《な》くセミ。午前中《ごぜんちゅう》によく鳴《な》きます。鳴《な》くのはオスだけ。体《からだ》が黒《くろ》くて大《おお》きくてクマみたいってことで「クマゼミ」。静岡県《しずおかけん》には普通《ふつう》にいますが、関東《かんとう》より北側《きたがわ》にはあまりいません。

メスは細《ほそ》い枝《えだ》に産卵管《さんらんかん》を突《つ》き刺《さ》して産《う》み歩《ある》くので、産卵《さんらん》した跡《あと》が並《なら》んで枝《えだ》に残《のこ》ります。葉《は》っぱの生《は》えていない枯《か》れた枝《えだ》を探《さが》すのがポイント。そして翌年《よくねん》の初夏《しょか》、雨《あめ》の日《ひ》にふ化《か》した幼虫《ようちゅう》は枝《えだ》から飛《と》び降《お》りて地面《じめん》に着地《ちゃくち》。地中《ちちゅう》へと潜《もぐ》って行《い》きます。雨《あめ》の日《ひ》に生《う》まれるのは、乾燥《かんそう》から身《み》を守《まも》る、濡《ぬ》れた地面《じめん》の方《ほう》がやわらかくて

潜《もぐ》りやすい、アリが少《すく》なくて食《た》べられにくいなどの理由《りゆう》が考《かんが》えられています。こうして地中《ちちゅう》に潜《もぐ》った幼虫《ようちゅう》は、木《き》の根《ね》っこの汁《しる》を吸《す》ってゆっくりと成長《せいちょう》し、皆《みな》さんの前《まえ》に現《あらわ》れるのです。「セミの命《いのち》は一週間《いっしゅうかん》」とよく言《い》われますが、幼虫時代《ようちゅうじだい》（2～5年《ねん》）を含《ふく》めたら昆虫《こんちゅう》ではかなり長生《ながい》きな方《ほう》だし、なんならクマゼミは1ヶ月以上野外《かげついじょうやがい》で生《い》きていた記録《きろく》もあります。

セミの鳴《な》き声《ごえ》がうるさいと思《おも》う時《とき》もありますが、長《なが》い間暗《あいだくら》い地中《ちちゅう》で過《す》ごし、ようやく外《そと》の世界《せかい》に出《で》てきたわずかな時間《じかん》、思《おも》いっきり鳴《な》いてほしいとも思《おも》います。

アブラゼミ

食欲《しょくよく》をそそる鳴《な》き声《ごえ》。

こんちゅうクンの豆知識《まめちしき》

大《おお》きさ：5.5～6cm ぐらい
見《み》られる時期《じき》：夏《なつ》
見《み》られる場所《ばしょ》：サクラなどの木《き》
：午後《ごご》の方《ほう》がよく鳴《な》きます。

当《とう》園《えん》で見《み》られるセミは、クマゼミ、アブラゼミ、ニイニイゼミ、ツクツクボウシが多《おお》く、ミンミンゼミと春《はる》に鳴《な》くハルゼミは年《ねん》に2、3日《にち》ほどしか声《こえ》が聞《き》こえません。この中《なか》で、アブラゼミはもっともよく見《み》られるセミです。

名前《なまえ》の由来《ゆらい》ははねが茶色《ちゃいろ》で油紙《あぶらがみ》に色《いろ》が似《に》ているという説《せつ》と、ジリジリジリという鳴《な》き声《ごえ》が揚《あ》げ物《もの》をしている時《とき》の音《おと》に似《に》ているからという説《せつ》があります。セミは昆虫食《こんちゅうしょく》の定番《ていばん》メニューなのですが、アブラゼミを油《あぶら》で揚《あ》げている時《とき》の音《おと》を聞《き》いて「これぞまさにアブラゼミ」と思《おも》いました。

強面《こわもて》のイクメン。

タガメ

こんちゅうクンの豆知識《まめちしき》

大《おお》きさ：5～6.5cmぐらい
見《み》られる時期《じき》：春《はる》～秋《あき》
見《み》られる場所《ばしょ》：湿地《しっち》や浅《あさ》い池《いけ》
：メスは卵《たまご》を守《まも》るどころか卵《たまご》を破壊《はかい》して、守《まも》るべきものを失《うしな》ったオスと交尾《こうび》・産卵《さんらん》をします。

田《た》んぼに住《す》むカメムシで「田亀《たがめ》」。前《まえ》あしを広《ひろ》げて獲物《えもの》を待《ま》ち、近《ちか》づいてきた小魚《こざかな》やカエルなどを捕《と》らえます。この時《とき》、口《くち》から獲物《えもの》を麻痺《まひ》させる消化液《しょうかえき》を注入《ちゅうにゅう》し、大《おお》きな獲物《えもの》でも動《うご》きを止《と》めてから体液《たいえき》を吸《す》います。

オスは夕暮《ゆうぐ》れに水面《すいめん》に波《なみ》を起《お》こしてメスを誘《さそ》い、交尾《こうび》。水面《すいめん》から飛《と》び出《で》た植物《しょくぶつ》の茎《くき》や杭《くい》にメスが産卵《さんらん》し、オスが子育《こそだ》て。卵《たまご》の塊《かたまり》に覆《おお》いかぶさって日光《にっこう》が当《あ》たるのを防《ふせ》いだり、水中《すいちゅう》に行《い》ってまた戻《もど》ることで、自分《じぶん》の体《からだ》の水滴《すいてき》で卵《たまご》を乾燥《かんそう》から守《まも》ったりします。顔《かお》は怖《こわ》いのに超《ちょう》イクメン！

ミズカマキリ

…こんちゅうクンの豆知識《まめちしき》…

大《おお》きさ：4～4.5cmぐらい
見《み》られる時期《じき》：春《はる》～秋《あき》
見《み》られる場所《ばしょ》：田《た》んぼや池《いけ》
：おしりについてる針《はり》みたいな呼吸管《こきゅうかん》を水面《すいめん》から出《だ》して呼吸《こきゅう》します。

カマキリみたいなカメムシのなかま。

カマキリそっくりな前《まえ》あしで水生昆虫《すいせいこんちゅう》やおたまじゃくしなどを捕《と》らえ、カメムシそっくりな針《はり》のような口《くち》を、獲物《えもの》に刺《さ》して体液《たいえき》を吸《す》います。実《じつ》は**カマキリではなく、カメムシの仲間《なかま》**です。ため池《いけ》や田《た》んぼ、小学校《しょうがっこう》のプールでも見《み》つかりますが、現在《げんざい》は数《かず》が減《へ》ってきています。

小学生《しょうがくせい》の時《とき》にミズカマキリを捕《つか》まえたのですが、バケツに入《い》れておいたら飛《と》んで逃《に》げたらしく、泣《な》いた記憶《きおく》があります。アメンボもミズカマキリもタガメもケラもカブトムシも、**飛《と》べないふりして飛《と》べる**から気《き》をつけて！この悲《かな》しみをくり返《かえ》さないで！

昔《むかし》の飴《あめ》の匂《にお》いがする

カメムシのなかま。

アメンボ

こんちゅうクンの豆知識《まめちしき》

大《おお》きさ：1～1.5cm ぐらい
見《み》られる時期《じき》：春《はる》～秋《あき》
見《み》られる場所《ばしょ》：池《いけ》、小川《おがわ》

：実《じつ》は空《そら》も飛《と》べるので、水《みず》たまりでアメンボが泳《およ》いでいたりするのは、どこかから飛《と》んで来《き》た子《こ》たちです。

アメンボは「雨《あめ》ん坊《ぼう》」ではなく「飴《あめ》ん坊《ぼう》」。つまむと飴《あめ》の匂《にお》いがすることに由来《ゆらい》します。ここで言《い》う飴《あめ》の匂《にお》いとは、〝べっこう飴《あめ》の焦《こ》げた匂《にお》い〟のことらしく、最近《さいきん》の子《こ》どもたちにはあまり馴染《なじ》みがなく、「ポテトチップスの匂《にお》いがする」という答《こた》えの方《ほう》が多《おお》いです。パインアメとかの匂《にお》いだったらわかりやすいのになぁ。もしくは名前《なまえ》を「アメンボ」ではなく「ポテチンボ」とかに・・・(無理《むり》か)。

冬《ふゆ》になるとアメンボは土《つち》のすき間《ま》や落《お》ち葉《ば》の下《した》などに移動《いどう》し冬《ふゆ》を越《こ》します。当園《とうえん》でも朽《く》ち木《き》の裏《うら》で冬越《ふゆご》し中《ちゅう》のアメンボが観察《かんさつ》できます。

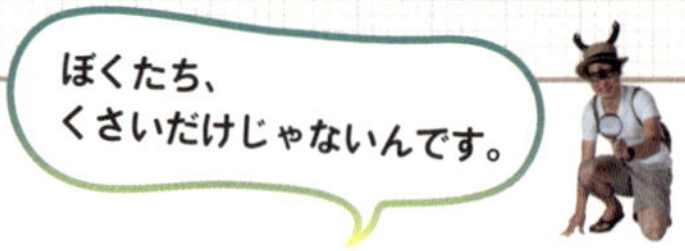

休《やす》み時間《じかん》 ⑧

【 個性派《こせいは》ぞろいな“おしゃれカメムシ”たち 】

カメムシの仲間《なかま》には、「どうしてそんなにきれいな色《いろ》や柄《がら》をしているの？」という、おしゃれ上級者《じょうきゅうしゃ》たちがたくさんいます。あなたの好《この》みはどのカメムシ？

ナナホシキンカメムシ

タマムシに負《ま》けないくらい、キラキラときれいなカメムシ。背中《せなか》に点《てん》が7つありますが、中《なか》には6つの子《こ》も。青《あお》とピンクのあしまでおしゃれ。沖縄県在住《おきなわけんざいじゅう》。

ミヤコキンカメムシ

ナナホシキンカメムシと同《おな》じく美《うつく》しいメタリックボディですが、大《おお》きさは半分《はんぶん》ぐらい。背中《せなか》の黒《くろ》い点《てん》はあったりなかったりします。こちらも沖縄県《おきなわけん》に生息《せいそく》。

ニシキキンカメムシ

静岡県《しずおかけん》にもいますが、ツゲがある山《やま》じゃないとなかなか見《み》つかりません。派手《はで》さの中《なか》にも、どこか和《わ》テイストが感《かん》じられるしぶいデザイン。

ショート動画《どうが》
「歩《ある》く」は
こちらから！

アカスジカメムシ

フェンネルなどのセリ科植物《かしょくぶつ》につくカメムシ。赤《あか》と黒《くろ》のストライプ柄《がら》を着《き》こなせるのは、サッカー選手《せんしゅ》かこのカメムシぐらい。

ホシハラビロヘリカメムシ

見《み》た目《め》は地味《じみ》ですが、“におい”がおしゃれ。なんと、青《あお》リンゴの香《かお》りがします！ 見《み》つけたら思《おも》わず嗅《か》ぎたくなる魅惑的《みわくてき》なカメムシ。クズにつくのでけっこう身近《みぢか》なところで見《み》つかるはず。

10 時間目《じかんめ》

その他《ほか》の昆虫《こんちゅう》のお話《はなし》

地獄《じごく》ってほんとうにあるのかな

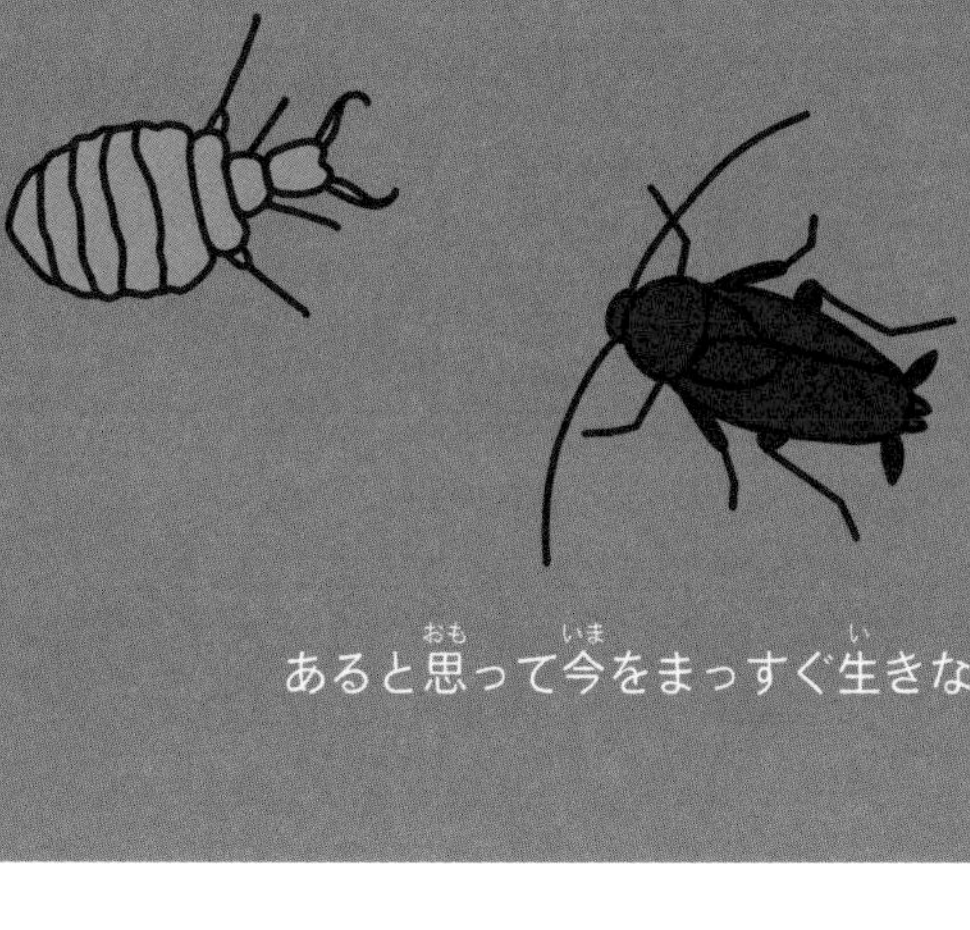

あると思《おも》って今《いま》をまっすぐ生《い》きなさい

名前《なまえ》を言《い》ってはいけない あの虫《むし》。

クロゴキブリ

ゴキブリは世界《せかい》に4600種以上《しゅいじょう》いますが、家《いえ》の中《なか》に出《で》てくるのはごくわずか。ほとんどは森《もり》や落《お》ち葉《ば》の下《した》などで、ヒトと関《かか》わることなく暮《く》らしています。クロゴキブリは家《いえ》に出《で》てくるタイプ。速《はや》い、飛《と》ぶ、汚《きたな》い、見《み》た目《め》が気持《きも》ち悪《わる》い、生理的《せいりてき》に無理《むり》などの理由《りゆう》によりものすごく嫌《きら》われており、「G」、「アイツ」など、しっかりと名前《なまえ》を呼《よ》ぶことさえも避《さ》けられています。気分的《きぶんてき》な問題《もんだい》だけでなく、病気《びょうき》を運《はこ》ぶ、食《た》べ物《もの》に混入《こんにゅう》する、アレルギーの原因《げんいん》になるなどの実害《じつがい》もあります。

ゴキブリは卵鞘《らんしょう》というカプセルみたいなもので産卵《さんらん》し、

こんちゅうクンの豆知識《まめちしき》

大《おお》きさ：2.5～3cm ぐらい
見《み》られる時期《じき》：一年中《いちねんじゅう》
見《み》られる場所《ばしょ》：壁《かべ》、流《なが》し台《だい》、引《ひ》き出《だ》し、ゴミ捨《す》て場《ば》、樹液《じゅえき》
：「虫好《むしず》きあるある」学校《がっこう》や職場《しょくば》でゴキブリが出《で》ると呼《よ》ばれる。（その虫好《むしず》きが別《べつ》にゴキブリは好《す》きじゃない場合《ばあい》も多々《たた》ある）。

＼クロゴキブリ／

ショート動画《どうが》「ダッシュ」はこちらから！

クロゴキブリのひとつの卵鞘《らんしょう》には20～28個《こ》の卵《たまご》が入《はい》っています。1匹《ぴき》のメスが20～30個《こ》の卵鞘《らんしょう》を産《う》むので、400匹《ぴき》以上《いじょう》の子《こ》どもが生《う》まれる計算《けいさん》です。**すごい繁殖力《はんしょくりょく》**。また、空腹《くうふく》に強《つよ》くエサ無《な》しで2ヶ月間《かげつかん》生《い》きた記録《きろく》も。野菜《やさい》、果物《くだもの》、食事《しょくじ》の食《た》べカス、髪《かみ》の毛《け》、仲間《なかま》の死骸《しがい》、食用《しょくよう》油《あぶら》、樹液《じゅえき》など、けっこうなんでも食《た》べられるという**雑食性《ざっしょくせい》も生《い》きてく強《つよ》さの秘訣《ひけつ》**です。

ちなみにゴキブリは嫌《きら》われ者《もの》ですが、好《す》きな人《ひと》の嫌《きら》いな部分《ぶぶん》を見《み》た時《とき》よりも、嫌《きら》いな人《ひと》の好《す》きな部分《ぶぶん》を見《み》た時《とき》の方《ほう》が恋《こい》に発展《はってん》しやすいですからね。

オオゴキブリ

成虫《せいちゅう》　幼虫《ようちゅう》

家《いえ》におじゃましないゴキブリ。

こんちゅうクンの豆知識《まめちしき》

大《おお》きさ：4cm ぐらい
見《み》られる時期《じき》：春《はる》～秋《あき》
見《み》られる場所《ばしょ》：朽《く》ち木《き》の中《なか》
：おばあちゃんの家《いえ》の廃材《はいざい》からたくさん捕《と》れたけど、「ウチで捕《と》れたって言《い》わないで」って言《い》われました（言《い》っちゃった）。

\オオゴキブリ/

ショート動画《どうが》「ひっくり返《かえ》すと」はこちらから！

朽《く》ち木《き》を割《わ》ると、成虫《せいちゅう》と幼虫《ようちゅう》が一緒《いっしょ》に見《み》つかります。お互《たが》いかじり合《あ》うようで、成虫《せいちゅう》ははねがやぶれている子《こ》が多《おお》いです。森《もり》の中《なか》に住《す》み、家《いえ》の中《なか》には出《で》て来《き》ません。オオゴキブリがいる環境《かんきょう》は、良《よ》い自然《しぜん》が残《のこ》っているという目安《めやす》でもあります。

僕《ぼく》が初《はじ》めて出会《であ》ったのは小学生《しょうがくせい》の時《とき》。朽《く》ち木《き》をひっくり返《かえ》したらカブトムシを発見《はっけん》。捕《つか》まえようと思《おも》って手《て》を伸《の》ばしたら、カブトムシじゃなくてオオゴキブリ。サッカーでゴールを決《き》めて喜《よろこ》んでいたのに、際《きわ》どいオフサイドの判定《はんてい》…くらいのがっかり感《かん》。一生忘《いっしょうわす》れられない夏《なつ》の思《おも》い出《で》です。

ヤマトシロアリ

こんちゅうクンの豆知識《まめちしき》

大《おお》きさ：5mm ぐらい　好《す》きな食《た》べ物《もの》：木《き》
見《み》られる時期《じき》：一年中《いちねんじゅう》
見《み》られる場所《ばしょ》：木《き》の中《なか》
：働《はたら》きアリとは別《べつ》に頭《あたま》の大《おお》きい兵《へい》アリもいる

白《しろ》いアリではなく、白《しろ》いゴキブリ。

シロアリの代表種《だいひょうしゅ》であるヤマトシロアリの食《た》べ物《もの》は木《き》。それゆえ木造建築物《もくぞうけんちくぶつ》の害虫《がいちゅう》として大《おお》きな被害《ひがい》をもたらしてきました。一方《いっぽう》で、自然界《しぜんかい》では倒木《とうぼく》などを分解《ぶんかい》する重要《じゅうよう》な役割《やくわり》を担《にな》い、シロアリがいないと**地球環境《ちきゅうかんきょう》はうまく循環《じゅんかん》しなくなってしまいます。**

アリとシロアリは似《に》ているようでけっこうちがいます。アリはハチのなかまで、**シロアリはゴキブリのなかま。**また、どちらにも女王《じょおう》アリがいますが、シロアリには王《おう》アリもいます。せっかくなのでアリかゴキブリか、白黒《しろくろ》はっきりさせておきましょう。

アリジゴク(ウスバカゲロウの幼虫《ようちゅう》)

こんちゅうクンの豆知識《まめちしき》

大《おお》きさ:1cmぐらい
見《み》られる時期《じき》:一年中《いちねんじゅう》
見《み》られる場所《ばしょ》:軒下《のきした》など雨《あめ》が当《あ》たらない砂地《すなち》
:成虫《せいちゅう》(ウスバカゲロウ)は触角《しょっかく》の長《なが》いトンボみたいな姿《すがた》。

一生《いっしょう》のほとんど便秘地獄《べんぴじごく》。

砂《すな》にすり鉢状《ばちじょう》の巣《す》をつくり、そこへ落《お》ちてくるアリの体液《たいえき》を吸《す》います。巣《す》は砂粒《すなつぶ》がギリギリ崩《くず》れない角度《かくど》の斜面《しゃめん》になっていて、アリが足《あし》を踏《ふ》み入《い》れると砂《すな》が崩《くず》れ、どんどん砂底《すなぞこ》へ落《お》ちていく仕組《しく》みです。しかもアリジゴクがそこへ砂粒《すなつぶ》をかけて脱出《だっしゅつ》を邪魔《じゃま》する合《あ》わせ技《わざ》も。まさに「蟻地獄《ありじごく》」(アリ以外《いがい》も食《た》べます)。

1ヶ月《かげつ》くらいなら何《なに》も食《た》べなくても大丈夫《だいじょうぶ》。さらに、幼虫《ようちゅう》の間《あいだ》は2、3年間《ねんかん》1度《ど》もうんちをしません。成虫《せいちゅう》になって初《はじ》めてうんちをします。ものすごい解放感《かいほうかん》だと予想《よそう》されます(おしっこはします)。

こんちゅうクンの豆知識《まめちしき》

大《おお》きさ：2.5～3cmぐらい　見《み》られる時期《じき》：夏《なつ》

見《み》られる場所《ばしょ》：草《くさ》むら、林縁《りんえん》

好《す》きな映画《えいが》：『レオン』（この時《とき》のジャン・レノ、シオヤアブに似《に》てる。暗殺者《あんさつしゃ》だし）

：オスのおしりには白《しろ》い毛《け》がたくさん生《は》えています。ちなみに名前《なまえ》の由来《ゆらい》はその白《しろ》い毛《け》を「塩《しお》」に見立《みた》てて「シオヤ」（「ヤ」は、なんだろうねぇ…）。

シオヤアブ

ひげづらの暗殺者《あんさつしゃ》。

お食事中《しょくじちゅう》

枝《えだ》や葉《は》っぱの上《うえ》で獲物《えもの》を待《ま》ち伏《ぶ》せ、甲虫《こうちゅう》、カメムシ、セミなど色々《いろいろ》な昆虫《こんちゅう》を後《うし》ろから抱《だ》きついて捕獲《ほかく》し、口《くち》を突《つ》き刺《さ》して体液《たいえき》を吸《す》います。自分《じぶん》より大《おお》きなオニヤンマやスズメバチまで捕《と》らえるほど獰猛《どうもう》で、「暗殺者《あんさつしゃ》」と呼《よ》ばれることも。なのに、意外《いがい》とその素性《すじょう》は知《し》られていません。ヒトに襲《おそ》いかかることはほとんどありませんが、素手《すで》でつかめば刺《さ》されるかもしれません。

ヒゲを生《は》やしてサングラスをかけているみたいなキュートな顔《かお》ですが、よく見《み》たら「口《くち》にカメムシ刺《さ》さってる！」ってこともあります。

ヒゲジロハサミムシ

安心《あんしん》してください、ちょん切《ぎ》れませんよ。

こんちゅうクンの豆知識《まめちしき》

大《おお》きさ：2～3cmぐらい
見《み》られる時期《じき》：春《はる》～秋《あき》
見《み》られる場所《ばしょ》：朽《く》ち木《き》の中《なか》や石《いし》の裏《うら》
好《す》きな食《た》べ物《もの》：ダンゴムシやクモ、リンゴ
：害虫《がいちゅう》と思《おも》われることもありますが、野菜《やさい》につく虫《むし》を食《た》べることもあり、どちらかというと益虫《えきちゅう》。

触《しょっ》角《かく》の一部《いちぶ》が白《しろ》いので「ヒゲジロ」ですが、**どちらかと言《い》うとあしの白《しろ》さの方《ほう》が際立《きわだ》っています**。おしりについているハサミは獲物《えもの》を捕《と》えたり、身《み》を守《まも》ったりするために使《つか》います。何《なに》かをちょん切《ぎ》るほどの強《つよ》さはなく、**指《ゆび》をはさまれても痛《いた》くありません**。メスは卵《たまご》と幼虫《ようちゅう》を守《まも》り、体《からだ》についたカビなどをお掃除《そうじ》する、きれい好《ず》きなお母《かあ》さんでもあります。

関西《かんさい》ではハサミムシのことを「ち○ぽばさみ」、「ち○ぽきり」と呼《よ》ぶらしいです。繰《く》り返《かえ》しになりますが**はさむ力《ちから》はあまり強《つよ》くないので大丈夫《だいじょうぶ》**です。

ヘビトンボ

結婚《けっこん》ゼリーでプロポーズ。

幼虫時代《ようちゅうじだい》

こんちゅうクンの豆知識《まめちしき》

大《おお》きさ：8～10cmぐらい

好《す》きな食《た》べ物《もの》：樹液《じゅえき》

見《み》られる時期《じき》：初夏《しょか》～夏《なつ》

好《す》きな場所《ばしょ》：夜《よる》の街灯《がいとう》

見《み》られる場所《ばしょ》：樹液《じゅえき》があるところ、夜《よる》の街灯《がいとう》

幼虫《ようちゅう》の別名《べつめい》：川《かわ》ムカデ、孫太郎虫《まごたろうむし》

：『孫太郎《まごたろう》』とは、平安時代《へいあんじだい》にこの幼虫《ようちゅう》を食《た》べて、疳《かん》（夜泣《よな》きやひきつけなどを起《お》こす病気《びょうき》）が治《なお》って父《ちち》の仇討《あだう》ちに成功《せいこう》した、あの孫太郎《まごたろう》のことです（そういう言《い》い伝《つた》えがあります）。

大《おお》きなアゴを持《も》つ古代感《こだいかん》あふれる昆虫《こんちゅう》。ヘビのように首《くび》をくねらせてかみついてきますが、ヘビでもトンボでもありません。幼虫時代《ようちゅうじだい》はきれいな清流《せいりゅう》の中《なか》に住《す》み、カゲロウの幼虫《ようちゅう》などを食《た》べています。

交尾《こうび》の時《とき》、オスがゼリー状《じょう》の物質《ぶっしつ》をメスのおしりにくっつけます。メスがそれを食《た》べている間《あいだ》に精子《せいし》が体内《たいない》に入《はい》っていくのです。オスが求《もと》めるプレゼントのお返《かえ》しは、元気《げんき》にたくさんの子《こ》どもを産《う》んでくれること。超《ちょう》イケメン！　ただ、メスは他《ほか》のオスとも交尾《こうび》し、その度《たび》にゼリーをもらって生《い》きていきます。

休《やす》み時間《じかん》 ⑨

【 昆虫用語《こんちゅうようご》の意味《いみ》調《しら》べ 】

昆虫特有《こんちゅうとくゆう》のさまざまな生態《せいたい》を表《あらわ》す用語《ようご》はたくさんあります。
用語《ようご》の意味《いみ》、皆《みな》さんはどれくらいわかりますか？

がんじょうもん【眼状紋《がんじょうもん》】

❶目《め》のような模様《もよう》のこと。フクロウやヘビの目《め》を真似《まね》して敵《てき》を驚《おどろ》かせる説《せつ》と、目玉模様《めだまもよう》がついているところを頭《あたま》だと思《おも》わせて、一番大事《いちばんだいじ》な本当《ほんとう》の頭《あたま》を敵《てき》から守《まも》るという説《せつ》がある。

使用例《しようれい》 眼状紋《がんじょうもん》のメガネをかけていると、授業中《じゅぎょうちゅう》に寝《ね》ていてもバレない。

かんぜんへんたい【完全変態《かんぜんへんたい》】

❶「卵《たまご》→幼虫《ようちゅう》→さなぎ→成虫《せいちゅう》」というように「さなぎ」になる時《とき》がある育《そだ》ち方《かた》のこと。（変態《へんたい》とは形《かたち》をかえることであり、変《へん》な人《ひと》に言《い》う「ヘンタイ！」という意味《いみ》ではないので注意《ちゅうい》）。

関連《かんれん》 【不完全変態《ふかんぜんへんたい》】「卵《たまご》→幼虫《ようちゅう》→成虫《せいちゅう》」というようにさなぎにならない育《そだ》ち方《かた》のこと。

ぎし【擬死《ぎし》】

❶死《し》んだフリのこと。 写真《しゃしん》1参照《さんしょう》

けいこくしょく【警告色《けいこくしょく》】

❶毒《どく》を持《も》っていたりする生《い》き物《もの》が持《も》つハデな体《からだ》の色《いろ》のこと。❷敵《てき》に「俺《おれ》は毒《どく》を持《も》ってるぞ」アピールの効果《こうか》あり。赤《あか》い色《いろ》がかわいらしいテントウムシも、触《さわ》ると黄色《きいろ》くて臭《くさ》い液《えき》を出《だ》す。

ごれいようちゅう【五齢幼虫《ごれいようちゅう》】

❶卵《たまご》から産《う》まれたばかりの幼虫《ようちゅう》を「一齢幼虫《いちれいようちゅう》」、1回脱皮《かいだっぴ》すると「二齢幼虫《にれいようちゅう》」、2回脱皮《かいだっぴ》すると「三齢幼虫《さんれいようちゅう》」、3回脱皮《かいだっぴ》すると「四齢幼虫《よんれいようちゅう》」、4回脱皮《かいだっぴ》すると「五齢幼虫《ごれいようちゅう》」。さなぎが成虫《せいちゅう》になる直前《ちょくぜん》の幼虫《ようちゅう》を「終齢幼虫《しゅうれいようちゅう》」という。

そうこうせい【走光性《そうこうせい》】

❶光《ひかり》に反応《はんのう》して移動《いどう》しちゃう習性《しゅうせい》のこと。夜《よる》のコンビニや外灯《がいとう》の光《ひかり》に虫《むし》が集《あつ》まるのも、この「走光性《そうこうせい》」があるため。 写真《しゃしん》2参照《さんしょう》

たんいせいしょく【単為生殖《たんいせいしょく》】

❶交尾《こうび》しなくてもメスだけで卵《たまご》を産《う》めちゃう増《ふ》え方《かた》のこと。アブラムシ、ハチ、ナナフシなどに、この生殖方法《せいしょくほうほう》の種《しゅ》が結構《けっこう》いる。

同義《どうぎ》 【単性生殖《たんせいせいしょく》】

へいきんこん【平均棍《へいきんこん》】

❶昆虫《こんちゅう》のはねは基本的《きほんてき》には4枚《まい》（前《まえ》と後《うし》ろに2枚《まい》ずつ）だが、ハエやアブ、カの仲間《なかま》のはねは2枚《まい》であり、元々《もともと》あった後《うし》ろの2枚《まい》は棒《ぼう》のようになっている。これを平均棍《へいきんこん》といい、バランスを取《と》るのに役立《やくだ》っているらしい。

使用例《しようれい》 僕《ぼく》にも平均棍《へいきんこん》があれば体育《たいいく》の時間《じかん》は楽勝《らくしょう》だ。

写真《しゃしん》1

カマキリの擬死《ぎし》の真似《まね》をする
若《わか》き日《ひ》のゴキブリスト

写真《しゃしん》2

夜《よる》、コンビニの光《ひかり》に集《あつ》まる虫《むし》たち

補習《ほしゅう》の時間《じかん》

昆虫以外《こんちゅういがい》のお話《はなし》

あら、こんにちはアズマどん。
今日《きょう》の天気《てんき》は下《くだ》り坂《ざか》で最高《さいこう》の１日《にち》になりそうね！
あ、あなたは別《べつ》に雨《あめ》じゃなくても平気《へいき》だったか。
じゃあ、またねー。って言《い》っても私《わたし》、
立《た》ち去《さ》るのにはもう少し
時間《じかん》かかるから先行《さきい》っていいわよ！

しゃべるのは早《はや》いんだな

アズマヒキガエル

水《みず》の中《なか》よりも森《もり》や草《くさ》むらに住《す》んでいることが多《おお》い大《おお》きなカエル。つかんだりすると、怒《おこ》って体《からだ》をふくらませ、毒《どく》も持《も》っています。昆虫《こんちゅう》などの小《ちい》さな生《い》き物《もの》を見《み》つけると、じっと狙《ねら》いを定《さだ》め、ペロンっと舌《した》を伸《の》ばして捕《つか》まえます。丸呑《まるの》みです。

オタマジャクシ時代《じだい》に約《やく》３㎝まで成長《せいちょう》し、カエルになる時《とき》はしっぽの分《ぶん》が縮《ちぢ》んで、約《やく》１㎝の小《ちい》さなカエルになります。そこから大《おお》きい子《こ》では15㎝以上《いじょう》の、ずんぐりむっくりとしたヒキガエルへと成長《せいちょう》。大人《おとな》（カ

＼アズマ
ヒキガエル／

ショート動画《どうが》
「食《た》べる」・「夫婦《ふうふ》で横断《おうだん》」
「ガマ合戦《がっせん》」は
こちらから！

驚《おどろ》きの成長《せいちょう》V字曲線《じきょくせん》。

▼当園《とうえん》で飼育《しいく》・展示中《てんじちゅう》のアズマヒキガエル「アズマどん」

こんちゅうクンの豆知識《まめちしき》

大《おお》きさ：4～16cmぐらい
見《み》られる時期《じき》：春《はる》～秋《あき》
見《み》られる場所《ばしょ》：林《はやし》、畑《はたけ》など
：身《み》の危険《きけん》を感《かん》じると皮膚《ひふ》から毒《どく》を出《だ》します。

アズマどんのプロフィール

出会《であ》い：ハンミョウ採集《さいしゅう》の時《とき》に竹《たけ》やぶの中《なか》で出会《であ》って一目惚《ひとめぼ》れ。後《うし》ろから捕《つか》まえたら、抵抗《ていこう》することなくそっと目《め》を閉《と》じました。

性別《せいべつ》：よくわかっていません（アズマどんと名付《なづ》けておきながらメスだったらごめん）。

好《す》きな食《た》べ物《もの》：コオロギとゴキブリ

出番《でばん》：「アズマどんのペロンペロンタイム」。雨《あめ》の日《ひ》に突如《とつじょ》として始《はじ》まる当園《とうえん》の人気《にんき》イベント。アズマどんが、コオロギやゴキブリを次々《つぎつぎ》に食《た》べる姿《すがた》をご覧《らん》いただけます。

特技《とくぎ》：インスタ映《ば》え（昼寝姿《ひるねすがた》とかがかわいくて、すぐインスタに上《あ》げたくなります）。
ハッシュタグは「#アズマどん」で！

エル）になってからの伸《の》びがハンパない！　ヒトはそうはならないので、子《こ》どものうちにたくさん食《た》べて、寝《ね》て、大《おお》きくなってね。

ヒガシニホンアマガエル

カエルが鳴《な》いたら、傘《かさ》をさして帰《かえ》ろう。

こんちゅうクンの豆知識《まめちしき》

大《おお》きさ:2～5cmぐらい　英語《えいご》の名前《なまえ》:「East Japanese tree frog(木《き》にいる東日本《ひがしにほん》のカエル)」

見《み》られる時期《じき》：春《はる》～秋《あき》　特技《とくぎ》：体《からだ》の色《いろ》を緑《みどり》や茶色《ちゃいろ》に変《か》える（赤《あか》とか黄色《きいろ》は無理《むり》）

見《み》られる場所《ばしょ》：田《た》んぼ、草《くさ》むら、夜《よる》の外灯《がいとう》

：アマガエルには毒《どく》があります。強《つよ》い毒《どく》ではありませんが、カエルを触《さわ》った手《て》で目《め》や傷口《きずぐち》に触《ふ》れると、とても痛《いた》いです。カエルを触《さわ》ったら必《かなら》ず手《て》を洗《あら》おう。※2025年《ねん》に静岡県《しずおかけん》を含《ふく》む東日本《ひがしにほん》のニホンアマガエルは「ヒガシニホンアマガエル」として新種記載《しんしゅきさい》されました。

単《たん》に「アマガエル」とも呼《よ》ばれ、田《た》んぼや水路《すいろ》だけでなく畑《はたけ》、庭《にわ》、夜《よる》のコンビニや自動販売機《じどうはんばいき》にも現《あらわ》れる、もっとも身近《みぢか》なカエル。水《みず》の中《なか》にいるイメージが強《つよ》いけど、木《き》の上《うえ》でも見《み》つかります。漢字《かんじ》で書《か》くと「雨蛙《あまがえる》」。皮膚《ひふ》で湿気《しっけ》や気圧《きあつ》の変化《へんか》を感《かん》じ取《と》り、雨《あめ》が降《ふ》りそうになると鳴《な》き出《だ》します。「カエルが鳴《な》くと雨《あめ》」と言《い》うのはこの性質《せいしつ》から来《き》ているそう。「カエルが鳴《な》くから帰《かえ》ろう」とも言《い》いますが、「カエル」の語源《ごげん》はアマガエルが育《そだ》った田《た》んぼに〝帰《かえ》る〟習性《しゅうせい》から来《き》ている説《せつ》もあり、あながちただのダジャレとは言《い》えない奥深《おくぶか》さがあります。

こんちゅうクンの豆知識《まめちしき》

大《おお》きさ：8 ～ 13cm ぐらい　　見《み》られる時期《じき》：春《はる》～秋《あき》

見《み》られる場所《ばしょ》：田《た》んぼ、池《いけ》、川《かわ》

寿命《じゅみょう》：20 年以上《ねんいじょう》

子《こ》どもたちが接《せっ》する時《とき》は、だいたい歳上《としうえ》だと思《おも》って接《せっ》すれば間違《まちが》いない。

しっぽ：トカゲのように切《き》ったりしません。

：家《いえ》を守《まも》ってくれているように見《み》える「家守《やもり》」はしっぽを切《き》ります。ちなみにヤモリは爬虫類《はちゅうるい》です。

イモリと、ヤモリと、それからタモリ。みんなちがって、みんないい。

アカハライモリ

イモリはカエルと同《おな》じ両生類《りょうせいるい》。田《た》んぼや池《いけ》、川《かわ》などに住《す》み、小《ちい》さな生《い》き物《もの》を食《た》べます。腹《はら》が赤《あか》いのは、「オレ毒《どく》持《も》ってるぞ！」という警告色《けいこくしょく》で、毒成分《どくせいぶん》はフグの毒《どく》と同《おな》じテトロドトキシン。とはいえ量《りょう》は少《すこ》しなので、ヒトが触《さわ》っても死《し》んじゃうことはありません。ただ目《め》に入《はい》ると危険《きけん》なので、イモリを触《さわ》ったら必《かなら》ず手《て》を洗《あら》ってね。

イモリは漢字《かんじ》で書《か》くと「井守《いもり》」。「井戸《いど》を守《まも》る」説《せつ》もありますが、「井《い》」とは「田《た》んぼ」の意味《いみ》もあり、「田《た》んぼを守《まも》る」という説《せつ》も。じゃあいっそ「田守《たもり》＝タモリ」の方《ほう》がわかりやすかった気《き》もしますが、またそれはそれで混乱《こんらん》しちゃってたかもしれませんね。

ニホンカナヘビ

一世一代《いっせいちだい》の しっぽ切《き》り。

こんちゅうクンの豆知識《まめちしき》

大《おお》きさ：16～27cmぐらい
見《み》られる時期《じき》：春《はる》～秋《あき》
見《み》られる場所《ばしょ》：草《くさ》むら、木《き》の上《うえ》など
：一度切《いちどき》れて再生《さいせい》したしっぽは見《み》ればわかります（写真《しゃしん》の子《こ》もそうです）。

草《くさ》むらや木《き》の枝《えだ》、石《いし》の隙間《すきま》などで見《み》つかるカナヘビ。名前《なまえ》の由来《ゆらい》は、かわいいヘビという意味《いみ》の「愛蛇《かなへび》」、または金属《きんぞく》のような色《いろ》のヘビで「金蛇《かなへび》」という説《せつ》があります。ヘビではなくトカゲの仲間《なかま》ですが、ニホントカゲはまた別《べつ》のトカゲです。

ニホンカナヘビはトカゲやヤモリと同《おな》じく、しっぽをつかまれると自分《じぶん》でしっぽを切《き》って逃《に》げます。切《き》れたしっぽはしばらく動《うご》き続《つづ》けて敵《てき》の注意《ちゅうい》を引《ひ》き、傷口《きずぐち》からは新《あたら》しいしっぽが生《は》えてきます。ただし骨《ほね》まで完全《かんぜん》に治《なお》るわけでもないので、なるべくしっぽを切《き》らせないように気《き》をつけよう。

ニホンヤモリ

ピタリとくっつく 不思議《ふしぎ》な指《ゆび》。

こんちゅうクンの豆知識《まめちしき》

大《おお》きさ：10～14cmぐらい
好《す》きな食《た》べ物《もの》：ガなどの虫《むし》
見《み》られる時期《じき》：春《はる》～秋《あき》
見《み》られる場所《ばしょ》：木《き》、建物《たてもの》のまわり
：家《いえ》の害虫《がいちゅう》を食《た》べてくれるので「家守《やもり》」らしい。

夜《や》行性《こうせい》でよく窓《まど》や壁《かべ》にくっついている姿《すがた》を見ます。ヤモリは足《あし》の指先《ゆびさき》に細《こまか》い毛《け》がびっしりと生《は》えていて、そこに分子間《ぶんしかん》力《りょく》という力《ちから》が働《はたら》くことでガラス面《めん》でも張《は》りつくことができるのです。

この仕組《しく》みを応用《おうよう》してくり返《かえ》し貼《は》ったりはがしたりできる「ヤモリテープ」が開発《かいはつ》されました。このように生物《せいぶつ》からヒントを得《え》て行《おこな》う技術開発《ぎじゅつかいはつ》のことを「生物模倣《せいぶつもほう》（バイオミメティクス）」と言《い》い、ヒトはいろんな生《い》き物《もの》の真似《まね》をして生活《せいかつ》に役《やく》立《だ》てています。「学《まな》ぶ」は「まねぶ」。虫《むし》の真似《まね》をして、虫《むし》から学《まな》ぼう。

一《いっ》触《しょく》即《そく》揺《ゆ》れ。

ナガコガネグモ

こんちゅうクンの豆知識《まめちしき》

大《おお》きさ：オス1cm前後《ぜんご》、メス2～2.5cmぐらい
見《み》られる時期《じき》：夏《なつ》～秋《あき》
見《み》られる場所《ばしょ》：草《くさ》むらや川原《かわら》など
：クモの体《からだ》は頭胸部《とうきょうぶ》と腹部《ふくぶ》に分《わ》かれ、頭胸部《とうきょうぶ》からあしが8本《ぼん》生えています。

ナガコガネグモ

ショート動画《どうが》「揺《ゆ》らす」はこちらから！

草《くさ》の低《ひく》い位置《いち》で見《み》られる大《おお》きめのクモ。お腹《なか》に白《しろ》と黄色《きいろ》と黒《くろ》のしま模様《もよう》があり、コガネグモよりもしま模様《もよう》が多《おお》いのが特徴《とくちょう》です。葉《は》っぱや枝《えだ》の間《あいだ》におしりから出《だ》した糸《いと》でクモの巣《す》をつくり、獲物《えもの》を待《ま》ちます。バッタやガ、時《とき》にはセミまで食《た》べてしまうことも。

このナガコガネグモを見《み》つけたら、ぜひ体《からだ》を〝ちょん〟とつついてみてください。体《からだ》を使《つか》ってクモの巣《す》全体《ぜんたい》を猛烈《もうれつ》に揺《ゆ》らし、威嚇《いかく》してくれます。1回《かい》の〝ちょん〟で1分近《ぶんちか》く揺《ゆ》らしまくってくれたこともありました。しつこくし過《す》ぎると走《はし》って逃《に》げてしまいますので、ほどほどにね！

ジグモ

急《せ》いては姿《すがた》を見損《みそん》じる。

巣《す》の様子《ようす》

巣《す》を引《ひ》っ張《ぱ》る様子《ようす》

こんちゅうクンの豆知識《まめちしき》

大《おお》きさ：オス1～1.5cm、メス1～2cmぐらい

見《み》られる時期《じき》：一年中《いちねんじゅう》

見《み》られる場所《ばしょ》：草木《くさき》や家《いえ》の壁《かべ》などの根元《ねもと》

好《す》きな食《た》べ物《もの》：ダンゴムシ、ワラジムシなどの小《ちい》さな虫《むし》

：巣《す》の中《なか》から大《おお》アゴで獲物《えもの》に飛《と》びついて捕《つか》まえます。巣《す》が破《やぶ》れてもおかまいなしです。

草《くさ》木《き》の根本《ねもと》や建物《たてもの》、ブロックなどの地面《じめん》と接《せっ》するところから、ひものようなものが伸《の》びているのがジグモの巣《す》です。ジグモは網《あみ》のようなクモの巣《す》ではなく、地面《じめん》の中《なか》に袋状《ふくろじょう》の巣《す》をつくります。巣《す》は地上《ちじょう》にも少《すこ》しだけ伸《の》びていて、そこをそーっと引《ひ》っ張《ぱ》って巣全体《すぜんたい》を引《ひ》き抜《ぬ》くことができれば、ジグモに会《あ》えます。途中《とちゅう》で破《やぶ》れてしまうとアウトです。コツは最初《さいしょ》につかむところをねじって、破《やぶ》れにくくすること。これを僕《ぼく》は小学校《しょうがっこう》の帰《かえ》りに毎日《まいにち》やっていました。もはやジグモを見《み》たいとかそんなんじゃなく、自分《じぶん》との戦《たたか》いでした。

ゴキブリハンター。

アシダカグモ

こんちゅうクンの豆知識《まめちしき》

大《おお》きさ：オス1～2.5cm、メス2～3cmぐらい
（あし含《ふく》めると倍以上《ばいいじょう》）
見《み》られる時期《じき》：一年中《いちねんじゅう》
見《み》られる場所《ばしょ》：家《いえ》の中《なか》
：たまに卵《たまご》の入った卵《らん》のうを抱《かか》えたメスもいます。

家《いえ》の中《なか》や学校《がっこう》のトイレなどにも現《あらわ》れる大《おお》きなクモ。巣《す》をつくらず、歩《ある》きまわって獲物《えもの》を捕《と》らえるタイプで、夜外灯《よるがいとう》に集《あつ》まる昆虫《こんちゅう》を食《た》べに来《く》ることも。あしが長《なが》いので「アシナガグモ」と間違《まちが》えられることが多《おお》いですが、「アシダカグモ」です。

このクモはゴキブリを食《た》べることでも有名《ゆうめい》です。ゴキブリが苦手《にがて》な方《かた》にとってはまさに救世《きゅうせい》主《しゅ》。当園《とうえん》では毎年《まいとし》「ゴキブリ展《てん》」で天敵枠《てんてきわく》として展示《てんじ》しています。が、人気上々《にんきじょうじょう》です。冬《ふゆ》の寒《さむ》さは苦手《にがて》なようで、暖《あたた》かくなってくると姿《すがた》を見《み》せます。アシダカグモが家《いえ》の中《なか》を歩《ある》き回《まわ》り始《はじ》めたら、春《はる》はもうすぐ！

オカダンゴムシ

ちびまるまるこちゃん。

こんちゅうクンの豆知識《まめちしき》

大《おお》きさ：1.5cm 前後《ぜんご》　見《み》られる時期《じき》：一年中《いちねんじゅう》

見《み》られる場所《ばしょ》：落《お》ち葉《ば》や石《いし》の下《した》、コンクリートの壁《かべ》、子《こ》どものポケットの中《なか》

丸《まる》まるライバル：マンマルコガネ、ヒメマルゴキブリ、アルマジロ、ネコ

：飼《か》う時《とき》は腐葉土《ふようど》をケースに入《い》れ、落《お》ち葉《ば》、野菜《やさい》、金魚《きんぎょ》のエサなどをエサとして与《あた》えましょう。乾燥《かんそう》にも注意《ちゅうい》。

落《お》ち葉《ば》や石《いし》、植木鉢《うえきばち》の裏《うら》でよく見《み》つかる虫《むし》。もともとはヨーロッパから日本《にほん》にやって来《き》た外来種《がいらいしゅ》で世界中《せかいじゅう》に生息《せいそく》しています。一番《いちばん》の特徴《とくちょう》は、丸《まる》まること。敵《てき》から身《み》を守《まも》るための防御手段《ぼうぎょしゅだん》として丸《まる》まります。よく似《に》ているもので丸《まる》まらないのはワラジムシ。ワラジムシは丸《まる》まらない分《ぶん》、逃《に》げ足《あし》が速《はや》いです。

ダンゴムシのあしは6本《ぽん》ではなく14本《ほん》（数《かぞ》えてみてね）。昆虫《こんちゅう》ではなく、エビやカニなどと同《おな》じ甲殻類《こうかくるい》の仲間《なかま》です。ダンゴムシをからっと揚《あ》げて食《た》べてみたのですが、どことなく魚介類《ぎょかいるい》っぽい匂《にお》いがして、味《あじ》も悪《わる》くありませんでした。

食《た》べられる予定《よてい》が食《た》べる側《がわ》に。

こんちゅうクンの豆知識《まめちしき》

大《おお》きさ：12cm ぐらい
見《み》られる時期《じき》：春《はる》～秋《あき》
見《み》られる場所《ばしょ》：池《いけ》や小川《おがわ》、田《た》んぼなど
出身《しゅっしん》：アメリカ
別名《べつめい》：「エビガニ」、「マッカチン」、「ザルガニ」など
：元々日本《もともとにほん》にもニホンザリガニというザリガニがいますが、東北北部《とうほくほくぶ》と北海道《ほっかいどう》にしかいない絶滅危惧種《ぜつめつきぐしゅ》で、静岡県《しずおかけん》で目《め》にすることはまずありません。アメリカザリガニは、条件付外来生物《じょうけんつきがいらいせいぶつ》に指定《してい》され、野外《やがい》に放《はな》したり、逃《にが》したりすることが法律《ほうりつ》で禁止《きんし》されています。

アメリカザリガニ

水《みず》のある環境《かんきょう》で見《み》つかるザリガニ。釣《つ》ったり飼《か》ったりしたことがある人《ひと》もいますよね。名前《なまえ》の通《とお》りアメリカから来《き》た外来生物《がいらいせいぶつ》で、元々《もともと》はウシガエルのエサとして日本《にほん》に持《も》ち込《こ》まれました。魚《さかな》や水生昆虫《すいせいこんちゅう》、水草《みずくさ》などいろんなものを食《た》べるので、元《もと》から日本《にほん》にいた生物《せいぶつ》がこのザリガニの影響《えいきょう》で少《すく》なくなってしまう問題《もんだい》が起《お》きています。

たまにおじさんたちが「ザルガニ」って言《い》ってるのを聞《き》いて、言《い》い間違《まちが》いかな?と思《おも》ってスルーしていたら、ちゃんとはっきり「ザルガニ」って言《い》ってることに最近気《さいきんき》がつきました。

あしの数《かず》はだいたい百本《ひゃっぽん》。

トビズムカデ

こんちゅうクンの豆知識《まめちしき》

大《おお》きさ：15cm ぐらい
見《み》られる時期《じき》：春《はる》〜秋《あき》
見《み》られる場所《ばしょ》：朽《く》ち木《き》の中《なか》、落《お》ち葉《ば》の下《した》など
：産卵《さんらん》すると卵《たまご》を保護《ほご》しますが、刺激《しげき》を与《あた》えると卵《たまご》をすべて食《た》べてしまいます。

＼トビズムカデ／

ショート動画《どうが》「横断虫《おうだんちゅう》」はこちらから！

「トビズ」は「とび色《いろ》（トビの羽《はね》の色《いろ》＝茶色《ちゃいろ》）の頭《あたま》」の意味《いみ》。石《いし》の下《した》や朽《く》ち木《き》の中《なか》、家《いえ》の中《なか》で見《み》つかることも。いろんな昆虫《こんちゅう》や小《ちい》さな生《い》き物《もの》を食《た》べ、毒《どく》もあります。

ムカデを漢字《かんじ》で書《か》くと「百足《むかで》」。あしが多《おお》いことに由来《ゆらい》しますが、トビズムカデのあしは百本《ひゃっぽん》もありません（頭《あたま》についているのも含《ふく》めると46本《ほん》）。なんならぴったり百本足《ひゃっぽんあし》のムカデはいないそうで、たくさんあるとだいたい「百個《ひゃっこ》」と言《い》うあれと同《おな》じ感覚《かんかく》です。このページも正確《せいかく》には153ページですが、気持《きも》ちとしてはムカデだけに「だいたい百《ひゃく》ページ目《め》」に書《か》いたつもりです。

イセノナミマイマイ

カタツムリはイメージ通《どお》り、移動能力《いどうのうりょく》があまりないので地域《ちいき》によって種《しゅ》が分《わ》かれ、日本《にほん》には約《やく》８００種《しゅ》が生息《せいそく》。イセノナミマイマイは東海地方《とうかいちほう》〜近畿地方《きんきちほう》に生息《せいそく》する大《おお》きめのカタツムリ。静岡《しずおか》で最《もっと》も目《め》にするカタツムリと言《い》えます。

カタツムリは「マイマイ」というアイドルのような可愛《かわい》らしい名前《なまえ》がつきますが、マイマイたちはすべて雌雄同体《しゅうどうたい》（ひとつの体《からだ》にオスとメスの両方《りょうほう》の部分《ぶぶん》がある）なので、女子《じょし》とか男子《だんし》とか、そういう次元《じげん》では生《い》きていません。

２体《たい》のカタツムリが出会《であ》うと

傷《きず》つかない恋《こい》はない。

イセノナミマイマイ

ショート動画《どうが》「横断虫《おうだんちゅう》」はこちらから！

こんちゅうクンの豆知識《まめちしき》

大《おお》きさ：殻《から》の長《なが》さ３～4cmぐらい
見《み》られる時期《じき》：春《はる》～秋《あき》
見《み》られる場所《ばしょ》：庭《にわ》、畑《はたけ》など
分類《ぶんるい》：貝《かい》のなかま
好《す》きな食《た》べ物《もの》：野菜《やさい》、卵《たまご》の殻《から》、コンクリートなど
：「マイマイ」の由来《ゆらい》は殻《から》の「巻《ま》き巻《ま》き」だそうです。

歩行《ほこう》シーン

互《たが》いに絡《から》みついて交尾《こうび》、精子《せいし》の交換《こうかん》を行《おこな》い、それぞれが卵《たまご》を産《う》みます。イセノナミマイマイはこの時《とき》「恋矢《れんし》」という、とがった器官《きかん》を相手《あいて》の体《からだ》に突《つ》き刺《さ》します。これが「ツノ出《だ》せ ヤリ出《だ》せ アタマ出《だ》せ」の〝ヤリ〟のことです。交尾《こうび》をして子《こ》どもを増《ふ》やせるのはいいのですが、恋矢《れんし》を刺《さ》されたカタツムリはダメージを受《う》けて寿命《じゅみょう》が縮《ちぢ》むことが他《ほか》のカタツムリで示《しめ》されています。ヒトは恋《こい》の傷《きず》を新《あたら》しい恋《こい》で癒《い》やすこともあるようですが、カタツムリの場合《ばあい》は恋《こい》の傷《きず》によって新《あたら》しい恋《こい》を防《ふせ》いでいるようです。

みつけたよ!

本書掲載《ほんしょけいさい》の虫一覧《むしいちらん》。みつけたら□にチェックしてみよう!

甲虫《こうちゅう》

カブトムシ
おしっこするとき片《かた》あしを上《あ》げる。
□

コクワガタ
〝クワガタ入門編《にゅうもんへん》〟
□

スジクワガタ
「僕《ぼく》もいるよ!」
□

ヒラタクワガタ
「平《ひら》たい穴《あな》があったら入《はい》りたい」。
□

ノコギリクワガタ
男気《おとこぎ》あふれるクワガタ界《かい》の漢《おとこ》。
□

ミヤマクワガタ
虫《むし》にも花《はな》にも「深山鍬形《みやまくわがた》」。
□

チビクワガタ
もっとチビもいるけどね!
□

コアオハナムグリ
カナブンじゃない。~その1~
□

アオドウガネ
カナブンじゃない。~その2~
□

カナブン
「私《わたし》が真《しん》のカナブンです」。
□

センチコガネ
「うんちを食《た》べて、暮《く》らしています」。
□

オジロアシナガゾウムシ
パンダ? ゾウ? それとも、フン?
□

オオゾウムシ
迫真《はくしん》の演技《えんぎ》。死《し》んだフリが超本気《ちょうほんき》。
□

コフキゾウムシ
小《ちい》さいけれど、肝《きも》っ玉母《たまかあ》ちゃん感満載《かんまんさい》。
□

ゴマダラカミキリ
怪獣《かいじゅう》のモデルになった人気《にんき》の害虫《がいちゅう》。
□

ホシベニカミキリ
実《じつ》はそのへんにいる、ドハデな赤《あか》。
□

シロスジカミキリ
幼虫《ようちゅう》がうまい、らしい。
□

タマムシ
まるで虫《むし》の宝石箱《ほうせきばこ》や!
□

ゲンゴロウ
源五郎《げんごろう》よ、おぬしおっちょこちょいだな。
□

ナナホシテントウ
アブラムシにとっては赤《あか》い悪魔《あくま》。
□

ナミテントウ
全然《ぜんぜん》〝並《なみ》〟じゃない! 個性豊《こせいゆた》かなはね模様《もよう》。
□

コガタルリハムシ
春《はる》の訪《おとず》れも終《お》わりも告《つ》げる。
□

ハンミョウ
生《い》きる道教《みちおし》え。
□

イワタオサムシ
こんちゅうクンの地元《じもと》、「磐田《いわた》」の名前《なまえ》を持《も》つ昆虫《こんちゅう》。
□

ゲンジボタル
変《か》わり者《もの》の中《なか》の変《か》わり者《もの》。
□

マイマイカブリ
カタツムリをかぶる。
□

ミイデラゴミムシ
アッツアツの〝おなら〟が武器《ぶき》。
□

チョウ

モンシロチョウ
菜《な》の葉《は》にとまるチョウ。
□

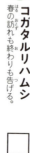

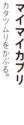

みつけたよ！

モンキチョウ
ファンキーモンキーバタフライ。

キタキチョウ
キチョウでもモンキチョウでもない。

アゲハ（ナミアゲハ）
泥臭《どろくさ》く生《い》き残《のこ》り、優雅《ゆうが》に舞《ま》う。

ジャコウアゲハ
体《からだ》の中《なか》に毒《どく》を持《も》て。

ゴマダラチョウ
エノキと共《とも》に生《い》きる。

アカボシゴマダラ
会《あ》いたければ、会《あ》いに行《い》け。

ルリタテハ
パジャマ、巻紙《まきがみ》、タテハチョウ。

ヤマトシジミ
ハートの葉《は》っぱに産《う》むっきゃない。

イチモンジセセリ
ガじゃなくて、ちゃんとチョウ。

ツマグロヒョウモン
ザ・大阪《おおさか》のおばちゃん。

ウラギンシジミ
おしりから、打《う》ち上《あ》げ花火《はなび》。

アサギマダラ
旅《たび》する魅惑的《みわくてき》なチョウ。

ガ

カイコガ
過保護《かほご》のカイコ。

セスジスズメ
幼虫《ようちゅう》はヤブガラシ枯《か》らし。

クロメンガタスズメ
パイレーツ・オブ・ベジタリアン。

フクラスズメ
衝撃《しょうげき》のぶんぶん攻撃《こうげき》。

ヒロヘリアオイラガ
きれいな虫《むし》には毒《どく》がある。

ヤママユ
母性《ぼせい》をくすぐる？ 巨大《きょだい》グミ幼虫《ようちゅう》。

チャドクガ
生涯毒身《しょうがいどくしん》。

トンボ

ギンヤンマ
ギン色《いろ》の部分《ぶぶん》はごくわずか。

オニヤンマ
下積《したづ》み時代《じだい》が長《なが》いトンボ界《かい》の王様《おうさま》。

シオカラトンボ
オスはストーカー野郎《やろう》。

アキアカネ
あきるほど見《み》たい。

ベッコウトンボ
磐田市《いわたし》を象徴《しょうちょう》するトンボ。

バッタ・キリギリス・コオロギ

トノサマバッタ
捕《と》ってたのしい！ 食《た》べておいしい!!

ショウリョウバッタ
やみつきになる、コメツキの動《うご》き。

オンブバッタ
引《ひ》っ込《こ》み思案《じあん》で出会《であ》い少《すく》なめ。

コバネイナゴ
昔《むかし》は貴重《きちょう》なタンパク源《げん》。

ツチイナゴ
冬《ふゆ》を生《い》き抜《ぬ》く〝泣《な》き虫《むし》〟。

キリギリス
ザ・キリギリス。

クビキリギス
クビキリギスって言《い》わないで！
□

ヤブキリ
草食系《そうしょくけい》から肉食系《にくしょくけい》へ。
□

カヤキリ
ド迫力《はくりょく》のキュウリ好《ず》き。
□

エンマコオロギ
地獄《じごく》で会《あ》おうぜ！
□

ミツカドコオロギ
角《かど》の立《た》つお顔立《かおだ》ち。
□

クチキコオロギ
朽《く》ち木《き》から飛《と》び出《だ》し注意《ちゅうい》。
□

マツムシ
松《まつ》の木《き》にはいない〝松《まつ》ぼっくり虫《むし》〟。
□

アオマツムシ
別名《べつめい》「アオゴキブリ」。
□

スズムシ
鳴《な》く虫《むし》の代表選手《だいひょうせんしゅ》。
□

クツワムシ
近所迷惑《きんじょめいわく》が心配《しんぱい》。
□

ウマオイ
ハヤシかハタケか、鳴《な》き声次第《ごえしだい》。
□

カネタタキ
庭《にわ》で鐘《かね》を鳴《な》らすのはあなた。
□

ノミバッタ
体長《たいちょう》5ミリメートル。
□

ケラ
水《すい》、陸《りく》、空《くう》、どこへでも行《い》ける。
□

カマキリ

オオカマキリ
メスへのアプローチ、超慎重《ちょうしんちょう》。
□

カマキリ
カマキリという名《な》のカマキリ。
□

ハラビロカマキリ
木登《きのぼ》り大好《だいす》き。
□

ムネアカハラビロカマキリ
進撃《しんげき》のカマキリ。
□

コカマキリ
「僕《ぼく》を怒《おこ》らせたら、大《たい》したもんですよ」。
□

サツマヒメカマキリ
冬《ふゆ》でも会《あ》える。
□

ナナフシ

ナナフシモドキ
モドキだけど、ナナフシ代表《だいひょう》。
□

トゲナナフシ
子《こ》どもの頃《ころ》はトガッていない。
□

タイワントビナナフシ
それでも嗅《か》ぎたい、ごぼう臭《しゅう》。
□

ハチ

オオスズメバチ
よだれみたいな液体《えきたい》が元気《げんき》の源《みなもと》。
□

セグロアシナガバチ
良《よ》い虫《むし》、悪《わる》い虫《むし》、好《す》きな虫《むし》。
□

セイヨウミツバチ
ほんとうに一撃必殺《いちげきひっさつ》。
□

クマバチ
顔《かお》を見《み》ればわかる。
□

アミメアリ
どこまでもつながるアリ。
□

カメムシ

チャバネアオカメムシ
いつもくさいわけじゃない。
□

マルカメムシ
かわいさと臭《にお》いにギャップ萎《な》え。
□

ナガメ
名前《なまえ》はミジカメ。
□

オオキンカメムシ
不気味《ぶきみ》に笑《わら》う美《び》ボディ。
□

みつけたよ！

シロオビアワフキ
おしっこを泡立《あわだ》てて、その中《なか》に住《す》む。

クマゼミ
ひきこもり生活《せいかつ》から、世界《せかい》へ。

アブラゼミ
食欲《しょくよく》をそそる鳴《な》き声《ごえ》。

タガメ
強面《こわもて》のイクメン。

ミズカマキリ
カマキリみたいなカメムシのなかま。

アメンボ
昔《むかし》の飴《あめ》の匂《にお》いがするカメムシのなかま。

その他《ほか》の昆虫《こんちゅう》

クロゴキブリ
名前《なまえ》を言《い》ってはいけないあの虫《むし》。

オオゴキブリ
家《いえ》におじゃましないゴキブリ。

ヤマトシロアリ
白《しろ》いアリではなく、白《しろ》いゴキブリ。

アリジゴク
一生《いっしょう》のほとんど便秘地獄《べんぴじごく》。

シオヤアブ
ひげづらの暗殺者《あんさつしゃ》。

ヒゲジロハサミムシ
安心《あんしん》してください、ちょん切《ぎ》れませんよ。

ヘビトンボ
結婚《けっこん》ゼリーでプロポーズ。

昆虫以外《こんちゅういがい》

アズマヒキガエル
驚《おどろ》きの成長《せいちょう》V字曲線《じきょくせん》。

ヒガシニホンアマガエル
カエルが鳴《な》いたら、傘《かさ》をさして帰《かえ》ろう。

アカハライモリ
イモリと、ヤモリと、それからタモリ。
みんなちがって、みんないい。

ニホンカナヘビ
一世一代《いっせいちだい》のしっぽ切《き》り。

ニホンヤモリ
ピタリとくっつく不思議《ふしぎ》な指《ゆび》。

ナガコガネグモ
一触即揺《いっしょくそくゆ》れ。

ジグモ
急《せ》いては姿《すがた》を見損《みそん》じる。

アシダカグモ
ゴキブリハンター。

オカダンゴムシ
ちびまるまるこちゃん。

アメリカザリガニ
食《た》べられる予定《よてい》が食《た》べる側《がわ》に。

トビズムカデ
あしの数《かず》はだいたい百本《ひゃっぽん》。

イセノナミマイマイ
傷《きず》つかない恋《こい》はない。

こんちゅうクン
この本《ほん》を書《か》いた人《ひと》。

ゴキブリスト
ヒトとゴキブリをつなぐ架《か》け橋《はし》。

【主な参考文献】 青木淳一（2011）むし学．東海大学出版会／AZ Relief、小泉有希、関慎太郎（2020）日本のいきものビジュアルガイド はっけん！ニホンヤモリ．緑書房／井村有希、水沢清行（2013）日本産オサムシ図説．昆虫文献 六本脚／伊與田翔太ほか（2022）愛知県岡崎市におけるムネアカハラビロカマキリ．豊橋市自然史博物館研報，32: 1-7／槐真史、伊丹市昆虫館（2013）日本の昆虫1400①・②．文一総合出版／大谷剛、栗林慧（1985）片足をあげるカブトムシの排尿姿勢．昆蟲，53(1): 245-246／栗林慧・大谷剛（1987）名前といわれ昆虫図鑑．偕成社／五箇公一、ネイチャー&サイエンス（2016）外来生物ずかん．ぽるぷ出版／小松貴（2016）虫のすみか 生きざまはすにあらわれる．ベレ出版／齊藤裕（1996）親子関係の進化生態学 節足動物の社会．北海道大学図書刊行会／Shimada T, Matsui M & Tanaka K（2025）Genetic and morphological variation analyses of Dryophytes japonicus (Anura, Hylidae) with description of a new species from northeastern Japan. Zootaxa 5590 (1): 061-084／高田兼太（2013）ハサミムシの不名誉な俗称．きべりはむし，36(1): 20-22／田辺力（2001）多足類読本 ムカデとヤスデの生物学．東海大学出版会／辻英明（2016）衛生害虫ゴキブリの研究．北隆館／堤隆文（2003）果樹カメムシ おもしろ生態とかしこい防ぎ方．農文協／野島智司（2016）カタツムリの謎．誠文堂新光社／林正美、税所康生（2011）日本産セミ科図鑑．誠文堂新光社／日高敏隆（2013）昆虫学ってなに？．青土社／寺山守、久保田敏、江口克之（2014）日本産アリ類図鑑．朝倉書店／丸山宗利（2014）昆虫はすごい．光文社新書／三橋淳（2008）世界昆虫食大全．八坂出版／柳澤静磨（2022）ゴキブリ研究はじめました．イースト・プレス

あとがき

この本を読んでくれたあなたへ

外へ行け！ 虫を見よ！ ホンモノを体験してくれ！

絶対おもしろいから。

読んでくれて、本当にありがとう。また会いましょう。

今日もどこかで虫を探している こんちゅうクン より

こんちゅうクンとみんなの昆虫学校NEO

2025年4月16日 初版第1刷発行

著 者 こんちゅうクン（北野伸雄）
監 修 磐田市竜洋昆虫自然観察公園
発行人 久保暁生
編集人 藤原志織
発 行 株式会社くまふメディア制作事務所
〒438-0013 静岡県磐田市向笠竹之内1274-9
TEL:0538-86-6386
発 売 株式会社角川春樹事務所
〒102-0074 東京都千代田区九段南2-1-30 イタリア文化会館ビル
TEL:03-3263-5881（営業）
印刷・製本 佐川印刷株式会社
デザイン 江間 志／内田晃人（エイティ・プロ）
撮 影 こんちゅうクン・柳澤静磨

ISBN978-4-7584-1481-4 C0045

りゅうこん
インスタグラム

りゅうこん
X

りゅうこん
YouTube

こんちゅうクン
インスタグラム

こんちゅうクン
X